扛得住，世界就是你的

KANG DE ZHU,
SHIJIE JIU SHI NI DE

微　阳
编著

中国华侨出版社
北　京

图书在版编目 (CIP) 数据

扛得住，世界就是你的 / 微阳编著 . -- 北京 : 中国华侨出版社 , 2018.3

ISBN 978-7-5113-7402-8

Ⅰ . ①扛… Ⅱ . ①微… Ⅲ . ①人生哲学—通俗读物 Ⅳ . ① B821-49

中国版本图书馆 CIP 数据核字 (2018) 第 018635 号

扛得住，世界就是你的

编　　著：微　阳
出 版 人：刘凤珍
责任编辑：笑　年
封面设计：李艾红
文字编辑：焦金云
美术编辑：李丹丹
插图绘制：杨　纯
经　　销：新华书店
开　　本：880mm × 1230mm　1/32　印张：8　字数：160 千字
印　　刷：北京华平博印刷有限公司
版　　次：2018 年 3 月第 1 版　2018 年 3 月第 1 次印刷
书　　号：ISBN 978-7-5113-7402-8
定　　价：32.00 元

中国华侨出版社　北京市朝阳区静安里 26 号通成达大厦 3 层　邮编：100028
法律顾问：陈鹰律师事务所
发 行 部：（010）58815874　　传　　真：（010）58815857
网　　址：www.oveaschin.com　　E-mail：oveaschin@sina.com

前言
PREFACE

山有巅峰，也有低谷；水有深渊，也有浅滩。人生之路也一样，我们每个人都想一帆风顺，然而，一些意想不到的痛苦、挫折、失败总会猝不及防地袭来，让我们时而身处波峰，时而沉入谷底。人生难免遇到危险与陷阱，扛得住，世界就是你的。

莎士比亚曾说：“患难可以试验一个人的品格；非常的境遇方才可以显出非常的气节。风平浪静的海面，所有船只都可以齐驱竞胜；命运的铁拳击中要害的时候，只有大勇大智的人才能够处之泰然。”一个人，在遭遇磨难时如果还能用奋斗的英姿与之对抗，他的人生就是精彩的。其实，“痛苦”不是一件坏事，其背后镌刻着的是勇敢和坚强。

其实，不怕千万人阻挡，只怕你自己投降。我们有时候被生活打败，即使有一千个理由让我们暗淡消沉，我们也必须一千零一次地选择坚强面对，没有什么天生的好运，只有咬紧牙奋斗。都是一样的人，都会面临一样多的问题，回首过去，谁不是一路拼搏？生活所给予的，最终没有什么是不能被接受的。人应当配得上自己所经受的苦难。痛苦的时候就哭泣，但是别逃避；忧伤的时候可以脆弱，但是别放弃；寒冷的时候自己取暖，但是别绝望；撑不过去的时候抬头望天，但是别倒下。写出《少年派的奇幻漂流》的扬·马特尔说："无论生活以怎样的方式向你走来，你都必须接受它，尽可能地享受它。"我们每个人都走在一条满是荆棘的路上，我们跌跌撞撞、满身泥泞、受伤流血、痛哭流涕，却依旧奋力前行。因为没有什么可以轻易把人打动，除了内心深沉的爱；也没有什么可以轻易把人打倒，除了放弃的自己。

人生有多困难，你就该有多坚强。人的生命就像洪水奔流，不遇到岛屿、暗礁，便难以激起美丽的浪花。罗曼·罗兰认为："痛苦这把利刃，一方面割破你的心，一方面掘出了生命新的水源。""人生自古多磨难，有谁相安过百年。"生命的承受能力，其实远远超过我们自己的想象。请相信，人这一生可以重生无数次，在生命的历程中我们会不断被打倒，却又能恢复元气，坚定地站起，勇敢地前行。伤了，咬紧牙关；痛了，撑起腰杆。人生，在眼泪中微笑，才多姿；生命，在坚强中微笑，才精彩！

谁的生活不曾有崎岖坎坷，谁的人生不曾有困难挫折？既然不能逃脱人生前进途中必经的磨难，那我们就要牢牢地拥有一颗百折不挠的心。更请你相信，"天下没有白受的苦"，人生中的种种考验终会过去，如同落花一般化为春泥，会孕育出加倍丰盛、美妙的生命！

目录

CONTENTS

第1章

面对不如意，继续前行

第2章

不愿一生吹风晒太阳，咸鱼也要有梦想

第3章

拼尽最后一把力气，不成功也要尽了兴

第4章

再牛的梦想，也抵不住傻瓜似的坚持

第5章

你一直在等，所以一事无成

第7章

世界这么忙，柔弱给谁看

第8章

沙子入蚌后变成珍珠，痛苦加身后造就成功

第9章

愿你扛得住世界的险恶，也懂得世界的温柔

第 1 章

面对不如意，继续前行

真实的人生，在意料之外

在过去的岁月里，对你而言，或许是页页创痛的伤心史，在检阅过去的一切时，你也许会觉得你处处失败，一事无成。你热烈地期待着成功的事业却不能如愿，连你最近的亲戚朋友，甚至也要离弃你！你的前途，似乎是十分惨淡和黑暗！但是，虽有上述种种不幸，只要你不甘心永远屈服，胜利就会向你招手。

从古至今，有多少英雄豪杰因一次的挫折而一蹶不振，我们不能因他们的美名而去像他们一样经不起挫折。

人的一生不可能一帆风顺，遇到挫折和困难是难免的，你不可能一直处于顺境，一直处于辉煌，当你人生走到了“山”的顶峰必然会走下坡路，但要如何做到坦然面对、心态放平稳，对于我们才是最重要的。

在20世纪60年代初期，美国化妆品行业的“皇后”玫琳·凯把她一辈子积蓄下来的5000美元作为全部资本，创办了玫琳·凯化妆品公司。

为了支持母亲实现“狂热”的理想，两个儿子也“跳往助之”，辞去了较好的工作，加入到母亲创办的公司中来，宁愿只拿250

美元的月薪。玫琳·凯知道，这是背水一战，是在进行一次人生中的大冒险，弄不好，不仅自己一辈子辛辛苦苦的积蓄将血本无归，而且还可能葬送两个儿子的美好前程。

在创建公司后的第一次展销会上，她隆重推出了一系列功效奇特的护肤品，按照原来的计划，这次活动会引起轰动，一举成功。但是，“人算不如天算”，整个展销会下来，她的公司只卖出去 15 美元的护肤品。

在残酷的事实面前，玫琳·凯不禁失声痛哭，而在哭过之后，她反复地问自己：“玫琳·凯，你究竟错在哪里？”

经过认真的分析，她及时调整了自己的不良心态，坦然地接受了这一切。最后终于悟出了一点：在展销会上，她的公司从来没有主动请别人来订货，也没有向外发订单，而是希望人们自己上门来买东西……难怪在展销会上落到如此的后果。

于是她从第一次失败中站了起来。如今，玫琳凯化妆品公司已经发展成为一个国际性的公司，拥有一支20万人的推销队伍，年销售额超过3亿美元。

已经步入晚年的玫琳·凯能创造如此奇迹，并不是上天的怜悯，而是她面对挫折时，坦然地接受了这一切，悟出一个好的想法并着手开始自己的行动，最后获得了巨大的成功。

要善于检验你人格的伟大力量，你应该常常扪心自问，在除了自己的生命以外，一切都已丧失了以后，在你的生命中还剩什么？即在遭受失败以后，你还有多大勇气？如果你在失败之后，从此一蹶不振，放手不干而自甘永久屈服，那么别人就可以断定，你根本算不上什么人物；但如果你能雄心不减、大步向前，不失望、不放弃，那么别人就可以断定，你的人格之高、勇气之大，是可以超过你的损失、灾祸与失败的。

无论你作了多少准备，有一点是不容置疑的：当你进行新的尝试时，你可能犯错误，无论你是作家，还是企业家，或者是运动员，只要不断对自己提出更高的要求，都难免失败。但失败并不是你的错，重要的是要从中吸取教训。

古人云：“前事不忘，后事之师。”在克服挫败方面，我们的祖先已经给我们做出了太多的榜样。在社会竞争激烈的今天，挫折无处不在，若一时受挫而放大痛苦，将会终身遗憾。遭遇挫折，就当痛苦是你眼中的一粒尘埃，眨一眨眼，流一滴泪，就足以将它淹没；遭遇挫折就当它是一阵清风，让它在你耳旁轻轻吹过；遭遇挫折，就当它是一阵微不足道的小浪，不要让它在你心中激起惊涛骇浪；遭遇挫折，不要放大痛苦，擦一擦身上的汗，拭一拭眼中的泪，继续前进吧！

没有一种成功不需要磨砺

汤姆在纽约开了一家玩具制造公司，另外在加利福尼亚和底特律设了两家分公司。

20 世纪 80 年代，他瞄准了一个极具潜力的市场产品——魔方，开始生产并投放市场，市场反馈非常好。于是，汤姆决定大批量生产，两个公司几乎所有的资金和人力都投入进来。谁知，这个时候，亚洲的市场已经由日本一家玩具生产厂家占领。等汤姆厂家生产的魔方投放亚洲市场，市场已经饱和！再往欧洲试销，也饱和。汤姆慌了，立即决定停止生产，但已经晚了，大批的魔方堆积在仓库里。特别是两个分公司，资金几乎完全积压，又要腾出仓库来堆放新产品，汤姆的生意在底特律和加州大大受挫。汤姆无奈之下，决定从加州和底特律撤出来，只保留总部，他的财务已经无法支撑太大的架子。

这是汤姆第一次输掉了一局。不久，汤姆的财力恢复，于是，在亚洲设了一个分厂，开拓起亚洲市场来了。但好景不长，汤姆的亚洲市场化为灰烬。正逢美国玩具工人大罢工，汤姆处于风雨飘摇中的玩具公司立即破产，他血本无归。

汤姆又一次输了！汤姆总结了自己失败的原因，萌发了一个庞大的计划。他向银行贷了一笔资金，再度开创一家玩具厂。经过周密计划，严谨的市场调研和销售分析，他立即决定生产脚踏车，他要在日本厂商打进欧美市场之前重拳出击。他一炮打响，美洲市场被他的厂家占领，欧洲市场的厂家也占有优势。两年后，因为脚踏车市场已近饱和，汤姆又决定停止生产，开发另一种产品。

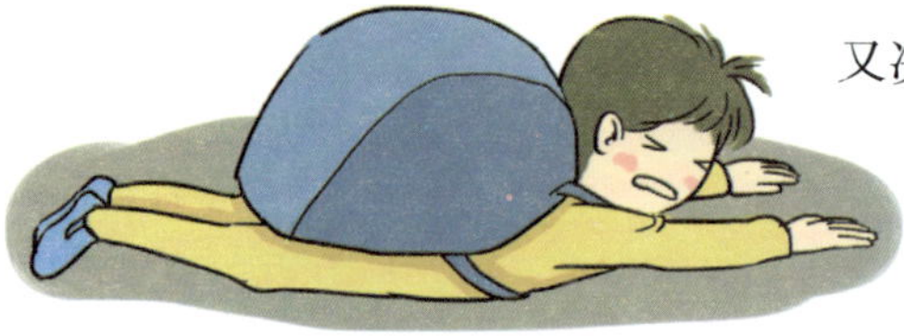

这次汤姆胜了，并且赢了全局！

从这个故事中，我们不难发现：雄鹰的展翅高飞，是离不开最初的跌跌撞撞的。“不经一番寒彻骨，哪得梅花扑鼻香。”要想让自己成为一个有所作为的人，我们就要有吃苦的准备，人总是在挫折中学习，在苦难中成长。

我们每个人都会面临各种机会、各种挑战、各种挫折。成功不是一个海港，而是一个埋伏着许多危险的旅程，人生的赌注就

是在这次旅程中要做个赢家，成功永远属于不怕失败的人。

每个人的一生，总会遇上挫折。相信困难总会过去，只要不消极，不坠入恶劣情绪的苦海，就不会产生偏见、误入歧途，或一时冲动破坏大局，或抑郁消沉，振作不起来。

其实在人生的道路上，谁都会遇到困难和挫折，就看你能不能战胜它，战胜了，你就是英雄，就是生活的强者。某种意义上说，挫折是锻炼意志、增强能力的好机会，不要一经挫折就放弃努力，只要你不断尝试，就随时可能成功。

如果你在挫折之后对自己的能力发生了怀疑，产生了失败情绪，就想放弃努力，那么你就已经彻底失败了。挫折是成功的法宝，它能使人走向成熟，取得成就，但也可能破坏信心，让人丧失斗志。对于挫折，关键在于你怎么对待。

爱马森曾经说过："伟大的人物最明显的标志，就是他坚韧的意志，不管环境如何恶劣，他的初衷与希望不会有丝毫的改变，并将最终克服阻力达到所企望的目的。"每个人都有巨大的潜力，因此当你遇到挫折时要坚持，充分挖掘自己的潜力，才能使自己离成功越来越近。

跌倒以后，立刻站立起来，不达目的，誓不罢休，向失败夺取胜利，这是自古以来伟大人物的成功秘诀。不要惧怕挫折，挫折是成功的法宝，在一个人输得只剩下生命时，潜在心灵的力量还有多少？没有勇气、没有拼搏精神、自认挫败的人的答案是零，只有坚持不懈的人，才会在失败中崛起，奏出人生的乐章。

世界上有许多人，尽管他们失去了拥有的全部资产，但是他们并不是失败者，他们依旧有着坚忍不拔的精神，有着不可屈服的意志，凭借这种精神和意志，他们依旧能够走向成功。

温特·菲力说："失败，是走上更高地位的开始。真正的伟人，面对种种成败，从不介意；无论遇到多么大的失望，绝不失去镇静，只有他们才能获得最后的胜利。"

在漫漫旅途中，失意并不可怕，受挫折也无须忧伤。只要心中的信念没有萎缩，只要自己的季节没有严冬，即使凄风厉雨，即使大雪纷飞。艰难险阻是人生对你的另一种形式的馈赠，坑坑洼洼也是对你意志的磨炼和考验。落叶在晚春凋零，来年又是灿烂一片；黄叶在秋风中飘落，春天又将焕发出勃勃生机。

世界自有法则，适者才能生存

世上很难有总是一帆风顺的事，本来你想这样，事情偏偏与你的愿望背道而驰，即使你付出辛苦了，付出努力了，也不一定能获得回报。

亨特遭到女友抛弃来请教大师指点，他说女友还活得好好的，感到愤恨难平。

大师问他为什么。亨特回答："我们在一起时发过重誓的，先背叛感情的人在一年内一定会死于非命，但是到现在两年了，她还活得很好，老天难道听不到人的誓言吗？”

大师告诉亨特，如果人间所有的誓言都会实现，那人早就绝种了。因为在谈恋爱的人，除非没有真正的感情，全都是发过重誓的，如果他们都死于非命，这世界还有人存在吗？老天不是无眼，而是知道爱情变化无常，我们的誓言在智者的耳中不过是戏言罢了。

“人的誓言会实现是因缘加上愿力的结果。”大师说。

“那我该怎么办呢？”亨特问。

大师给他讲了一个寓言：

“从前有一个人，用水养了一条非常名贵的金鱼。一天鱼缸打破了，这个人有两个选择，一个是站在水缸前诅咒、怨恨，眼看金鱼失水而死；一个是赶快拿一个新水缸来救金鱼。如果是你，你怎么选择？”

“当然赶快拿水缸来救金鱼了。”亨特说。

“这就对了，你应该快点拿水缸来救你的金鱼，给它一点滋润，救活它。然后把已经打破的水缸丢弃。一个人如果能把诅咒、怨恨都放下，才会懂得真正的爱。”

亨特听了，面露微笑，欢喜而去。

实际上，绝对的如意是不存在的，世界不是根据个人的意愿而创造的。但是我们即使遇到不如意的事，也不要怨天尤人。因为，怨也没有用，生活就是这样，有什么办法？有时候没有道理可讲，有时候又似乎不近情理。当生活让你哭笑不得的时候，你不应该太过于抱怨，而是要看淡生活中的不如意才对。

付出与回报的天平上总会出现不尽如人意的误差，苦苦地追寻换来的是一身的疲惫，挥洒的汗水总是换不来期待中的收获。这一切都是人生中挥之不去的，是人生竞技场上必不可少的基石。

飓风、海啸、地震等自然灾害对所有生命来讲都是不愿意接受的。人类社会里，贫穷、战争、疾病等现象时有发生。无论我们接受与否，它们都客观存在。永远都万事如意的情况，过去不曾有过，今后也不会有。面对生活中不如意的人和事，不妨采取以下 3 种做法：

（1）改变衡量评价的标准。不如意是一种进行比较后的主观感觉，因此只要我们改变一下比较的标准，就可以在心理上消除不如意。

比如，自己这次没评上职称，觉得很不开心。但是如果换一个角度想想，就会发现这次评选职称的名额有限，许多和自己条件一样甚至强于自己的人也没评上，这样一想，你也许就会舒服很多。

（2）通过自己的奋发努力来求得如意。比如，有些人认为只要工作踏实肯干、业务能力强就可以得到领导的青睐，而忽视了与人的沟通交流。其实，领导也是人，而人都需要得到别人的肯定与尊重，所以要经常与领导交流，向其汇报工作情况以调整工作状态。

（3）不要事事苛求如意。人的心理常常受到伤害的原因之一，就是要求每件事都必须如意。其实，世界上根本就没有绝对的完美，所以我们不要事事都拿着一把完美的尺子去衡量。

生活也许并不是我们想象的那样美好，它对待每个人都存在着偏差。有的人，从生下来就非常顺利，做什么都一帆风顺，没有什么坎坷，事业、婚姻都让别人羡慕；可有的人，从生下来就注定是个倒霉蛋，事业的挫折，生活的艰苦，情感的失意，都在困扰着他，甚至有时连小小的打算也难以实现。

其实这就是正常的生活。因此，不要对生活给予你的不如意心存怨恨，尽早地忘却它吧！只有不断地抛弃烦恼，生活才会向你展露它最灿烂的微笑。

自嘲是一种智慧

无论你的天资多么聪颖，偶尔也会做些蠢事。一般人出了丑，总是羞赧不堪，躲避众人耳目。何必呢？换个角度想想，这些蠢事其实还蛮有趣的，如果能够一笑置之，不是更好吗？这就是自嘲。

自嘲，大致意思就是自己开自己的玩笑。可是要真探讨起来，这样说就不能说明其真正的内涵了。

约翰逊在华盛顿的就职仪式上发表演讲时，人群中突然有个人高声喊道："他只是个裁缝匠出身的人！"面对突如其来的嘲弄，约翰逊泰然自若、心平气和地说："某位先生说我过去曾是个裁缝匠，这根本没有使我感到难堪。因为当我做裁缝匠的时候，我享有一个优秀裁缝匠的良好声誉，而且我特别胜任自己的工作。我总是对我的顾客热情周到，并取得了出色的业绩。"话音刚落，热烈的掌声驱散了恶意的嘲弄。

不可否认，一个人的出身对其成长的影响是很大的。在某些特定的历史条件下，对很多人来说，是龙生龙，凤生凤，老鼠的儿子会打洞，甚至是八分、九分天注定，一分、二分靠打拼。但是，随着历史的发展和社会的进步，一个人的命运越来越不取决于自己的出身，而是越来越多地取决于自己的努力。

当面对别人的嘲笑和挑衅时，聪明的总统没有觉得自卑，也没有因此而感到无地自容。他坦然地面对出身，真诚地热爱自己平凡而普通的父母，并表示出要竭尽全力地用对社会的奉献和生命的成就来报答父母的恩情，他的聪明的回答赢得了大家的尊重。

自信是自嘲的基础。不自信，不可能自嘲。你让阿Q拿自己的“癞头”自嘲，那是万万不能的，不但不能，就算你提到“灯”，他也会跟你急，轻则“怒目主义”，重则“他奶奶的”。有了自信，才敢自曝家丑。小品演员潘长江，身材矮小，但他自信，自称“袖珍男子汉”，常拿自己的身高开玩笑，一句“凡是浓缩的都是精品”，成为一种自信的象征，自嘲的标志。

大哲人苏格拉底的生活态度就非常值得我们效仿。每天清晨，邻居们都会看见赤着脚的苏格拉底走出家门，踩着晶莹的露水，跳到一块等待雕刻的大石头上，仰起头向远道而来的太阳热情地问候，向正在隐去的星星和月亮挥手告别。他无视众人怪异的眼光，披上他那破旧不堪的袍子，准备到集市上和民众们辩论，行使他“思想助产士”的义务劳动。

这时正为早餐发愁的妻子冲出来，在众人面前厉声责备丈夫，高声发着牢骚，抱怨家里米缸朝天，丈夫却天天游手好闲，不求上进。苏格拉底却不顾众人的窃笑，亲昵地拥抱一下老婆，向外边走边说：“亲爱的，我去工作了，我要帮人们把思想顺利生产下来。”愤怒的妻子把一盆水泼向苏格拉底，他顿时被浇成了落汤鸡。苏格拉底像骑士一样抖抖湿透的袍子，对哈哈大笑的邻居说：“看来我猜对了，电闪雷鸣过后，必有大雨倾盆。”

很多人一定会嘲笑苏格拉底是个“妻管严”，在众人面前很丢脸，殊不知这正是苏格拉底的高明之处。因为他知道自己的老婆是个“河东狮”，既然没办法改变就由她去吧。

一个自嘲的人一定是热爱生活、有生活情趣的人。如果不热爱生活，谁会去发现自己的可笑之处，怎么会觉得这可笑之处可笑，又怎么会将这可笑之处讲出来呢?

自嘲是一种美德。嘲弄他人是缺德，嘲弄自己却是美德。一个善于自嘲的人，往往就是一个富有智慧和情趣的人，也是一个勇敢和坦诚的人，更是一个将自己上上下下、里里外外看得很明白的人。

自嘲还是一种鲜活的态度，它可以使原本很沉重的东西瞬间变得轻松无比，会让别人砸过来的重拳落在棉花上。

自嘲更是一种智慧。生活有时总不那么令人满意，如果我们一味地去追求完美，也许会患得患失，少了做人的乐趣。但是，如果我们换一种方式来对待生活，自己给自己一点安慰，以感恩的心情来生活，也许我们会快乐很多。

谢谢你曾看轻我

有一个黑人小男孩，出身于一个贫寒的黑人单亲家庭，在他7岁时，他遭受到了一次极大的羞辱。

有一次老师让同学们为“社区基金”捐钱。几天后，小男孩手里攥着自己拣垃圾挣的3美元，激动地等待着老师叫他的名字，然后他便可以自豪地走上讲台捐出自己挣的血汗钱。但老师没念他的名字，他感到很奇怪，于是问老师为什么不叫他的名字。

老师厉声说：“我们这次募捐正是为了帮助你和像你这样的穷人，这位同学，如果你爸爸出得起你5美元的课外活动费，你们就不用领救济了。何况，你没有爸爸……”

小男孩眼含泪水冲出了学校。羞辱让他变得坚强。从此，他拼命学习和做工。这个黑人小男孩就是美国著名的黑人电台节目主持人狄克·格里戈。

可见，贫穷和羞辱可以摧毁人的自信，但也可以催促人奋进，就看你选择向下还是向上了。

我们应该钦佩那些勇敢者，当他们面对羞辱时，当他们用人性的执着与追求超越过那些仅停留于羞辱表面的伤害与脆弱时，我们会看到他们正向另一种能够打动人心的高贵和境界进发。所以，当你遭遇羞辱的时候，任何的反击都是疲软无力的。你只有通过加倍的努力获得成功，才是对羞辱最有效的反击。当你有一天功成名就，你就会明白，原来羞辱是人生中的一门必修课。

战国时期政治家苏秦自幼家境贫寒，温饱难继，读书自然是一件非常奢侈的事。为了维持生计和读书，他不得不时常帮别人打短工，后来又离乡背井到了齐国拜师求学，跟鬼谷子学纵横之术。

苏秦自以为学业有成，便迫不及待告师别友，游历天下，以谋取功名利禄。数年后不仅一无所获，自己的盘缠也用完了。没办法再撑下去，于是他穿着破衣草鞋踏上了回家之路。

到家时，苏秦已骨瘦如柴，全身破烂肮脏不堪，满脸尘土，与乞丐没有什么差别。落魄景象，溢于言表，令人同情。

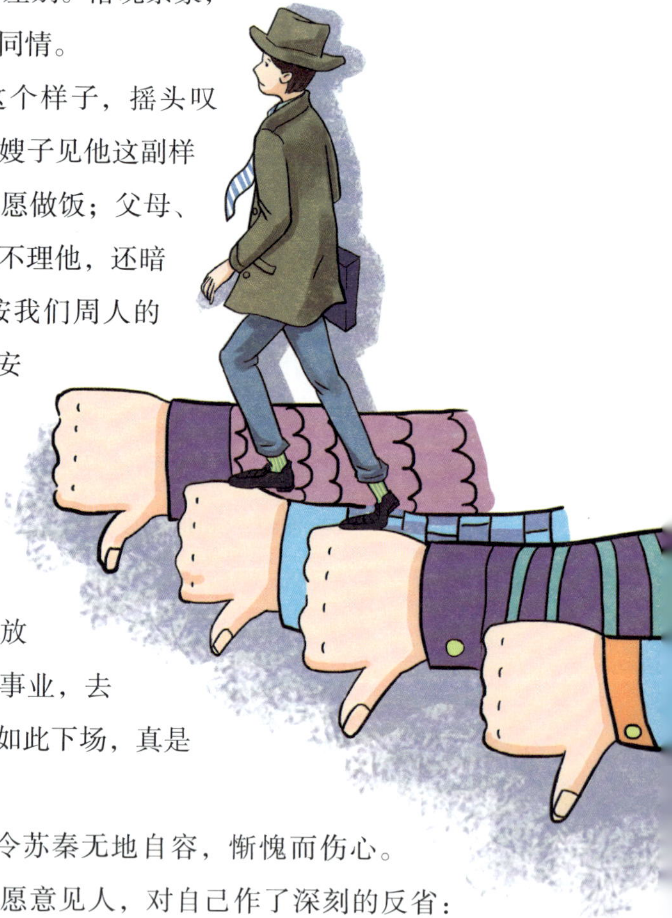

妻子见他这个样子，摇头叹息，继续织布；嫂子见他这副样子扭头就走，不愿做饭；父母、兄弟、妹妹不但不理他，还暗自讥笑他说：“按我们周人的传统，应该是安分于自己的产业，努力从事工商，以赚取十分之二的利润；现在却好，放弃这种最根本的事业，去卖弄口舌，落得如此下场，真是活该！”

此情此景，令苏秦无地自容，惭愧而伤心。他关起房门，不愿意见人，对自己作了深刻的反省：

“妻子不理丈夫，嫂子不认小叔子，父母不认儿子，都是因为我不争气，学业未成而急于求成啊！”

他认识到了自己的不足，又重振精神，搬出所有的书籍，发愤再读书，他想道：“一个读书人，既然已经决心埋首读书，却不能凭这些学问来取得尊贵的地位，那么，书读得再多，那又有什么用呢！”于是，他从这些书中捡出一本《阴符经》，用心钻研。他每天研读至深夜，有时候不知不觉伏在书案上就睡着了。第二天醒来，却懊悔不已，痛骂自己没有用，但又没有什么办法不让自己睡着。

有一天，苏秦读着读着实在倦困难当，不由自主便扑倒在书案上，但他猛然惊醒——手臂被什么东西刺了一下。一看是书案上放着一把锥子，他马上想出了制止打瞌睡的办法：锥刺股（大腿），以后每当要打瞌睡时，他就用锥子扎自己的大腿一下，让自己猛然“痛醒”，继续苦读。

家人见状，心有不忍，劝他不要这么卖命读书。

苏秦回答说：“不这样，就会忘记过去的耻辱；唯有如此，才能催我苦读啊！”

经过一年苦读，苏秦很有心得，写出《揣》《摩》二篇。这时，他充满自信地说：“用这套理化和方法，可以说服许多国君了！”

于是苏秦开始用所得的学识和“锥刺股”的精神意志游说六国，终获器重，挂六国相印，声名显赫，开创了自己辉煌的政治生涯。

没有人能一生不遭遇到羞辱，但是比这更重要的是你的态度。有些人被羞辱后，自暴自弃；而有些人则因羞辱而奋发，成就一番功名，这才是人生的强者。

20世纪80年代，年逾古稀的曹禺已是海内外声名鼎盛的戏剧作家。有一次美国同行阿瑟·米勒应约来京执导新剧本，作为老朋友的曹禺特地邀请他到家做客。吃午饭时，曹禺突然从书架上拿来一本装帧精美的册子，上面裱着画家黄永玉写给他的一封信，曹禺逐字逐句地把它念给阿瑟·米勒和在场的朋友们听。这是一封措辞严厉且不讲情面的信，信中这样写道：“我不喜欢你解放后的戏，一个也不喜欢。你的心不在戏剧里，你失去伟大的通灵宝玉，你为势位所误！命题不巩固、不缜密、演绎分析也不够透彻，过去数不尽的精妙休止符、节拍、冷热快慢的安排，那一箩一筐的隽语都消失了……”

阿瑟·米勒后来详细描述了自己当时的迷茫：“这信对曹禺的批评，用字不多却相当激烈，还夹杂着明显羞辱的味道。然而曹禺念着信的时候神情激动。我真不明白曹禺恭恭敬敬地把这封信裱在专册里，现在又把它用感激的语气念给我听时，他是怎么想的。”

阿瑟·米勒的茫然是可以理解的，毕竟把别人羞辱自己的信件裱在装帧讲究的册子里，且满怀感激念给他人听，这样的行为太过罕见，无法使人理解。但阿瑟·米勒不知道的是，这正是曹禺的清醒和真诚。在这种“傻气”的举动中，透露的实质是曹禺已经把这种羞辱演绎成了对艺术缺陷的真切悔悟。此时的羞辱信对他而言已经是一笔鞭策自己的珍贵馈赠，所以他要当众感谢这一次羞辱。

心胸狭窄者把羞辱变成心理包袱，而豁达乐观者则会把它看作是“激励”的别名。

所以，你应该感谢人生道路上的羞辱：是它刺激你用执着战胜了自己内心深处的失败感。感谢羞辱，你的斗志和毅力才能得以升华；感谢羞辱，你才能从羞辱中提炼出自身的短处与缺陷；感谢羞辱，你才能用羞辱激励完善自我……

坚忍的骆驼在沙漠中行走自如

生活不总是公平的，就像大自然中，鸟吃虫子，对虫子来说是不公平的一样，生活中总会有些力量是阻力，不断地打击和折磨我们。

但我们承认生活是坎坷的这一客观事实，并不意味着消极处世，正因为我们接受了这个事实，我们才能放平心态，找到属于自己的人生定位。命运中总是充满了不可捉摸的变数，如果它给我们带来了快乐，当然是很好的，我们也很容易接受，但事情往往并非如此。有时它带给我们的会是可怕的灾难，这时如果我们不能学会接受它，反而让灾难主宰了我们的心灵，生活就会永远地失去阳光。

威廉·詹姆士曾说：“心甘情愿地接受吧！接受事实是克服任何不幸的第一步。”

我们要学会接受不可避免的事实。即使我们不接受命运的安排，也不能改变事实分毫，我们唯一能改变的，只有自己。

成功学大师卡耐基也说：“有一次我拒不接受我遇到的一种不可改变的情况。我像个蠢蛋，不断作无谓的反抗，结果带来无眠的夜晚，我把自己整得很惨。后来，经过一年的自我折磨，我不得不接受我无法改变的事实。”

面对不可避免的事实，我们就应该学着做到诗人惠特曼所说的那样：“让我们学着像树木一样顺其自然，面对黑夜、风暴、饥饿、意外等挫折。”

但是，面对现实，并不等于束手接受所有的不幸。只要有任何可以挽救的机会，我们就应该奋斗。而当我们发现情势已不能挽回时，最好就不要再思前想后、拒绝面对，要坦然地接受不可

避免的事实，唯有如此，才能在人生的道路上掌握好平衡。

明白了这些，你就会善于利用困难来培养你的耐心、希望和勇气。比如在缺少时间的时候，可以利用这个机会学习怎样安排一点一滴珍贵的时间，培养自己行动迅速、思维灵敏的能力。就像野草丛生的地上能长出美丽的花朵，在满是不幸的土地上，也能绽开美丽的人性之花。

生活的不公正能培养美好的品德，我们应该做的就是让自己的美德在不利的环境中放射出奇异的光彩。

你也许正为一个专横的老板服务，并因此觉得很不公平，那么不妨把这看作是对自己的磨炼吧，用亲切和宽容的态度来回应老板的无情。借着这样的机会磨炼自己的耐心和自制力，转化不利的因素，利用这样的时机增强精神的力量。你自己也将提升到更高的精神境界，一旦条件成熟，你就能进入崭新的、更友善的环境中。

外界的事物什么样，这由不得你去选择和控制，但用什么样的态度去对待，可以由你自己做主。

面对生活中的种种不公正，能否使自己像骆驼在沙漠中行走一样自如，关键就在于你是否足够坚忍，这也是成大事者的一种格局。

坎坷并非是苦难，而是财富

路如蛛网。

老人端坐蛛网中央。

远远地，一个黑点在网上移动。

渐渐地，近了，近了，老人看清，那是一个魁伟英俊、朝气勃勃的年轻人。年轻人着一身牛仔服，穿一双登山鞋，背一个旅行包，拄一根铁拐杖，正急急地向老人靠近。

年轻人来到老人面前，深深地鞠了一躬。

“老人家，我要到山那边去，该走哪条路？”

老人缓缓地抬起右手，伸出三个指头，反问道：“左、中、右三条路，你想走哪一条？”

年轻人踌躇了一会儿，说：“左边。”

“左边的路坎坷不平！”

老人说完，闭上了眼睛。

年轻人二话没说，拄了拐杖，走了。

不知过了多久，年轻人又来到老人面前。

“老人家，我必须到山那边去，但怎么也走不出那些坎坷，您老人家能告诉我出山的路吗？”

老人又缓缓地抬起右手，伸出三个指头：“左、中、右，你想走哪条路？”

“右边的。”年轻人声音很轻，似乎不好意思。

“右边的路，布满荆棘！”

老人说完，又闭上了眼睛。

年轻人呆呆地望了老人一会儿，拄着拐杖，一步一步地走了。

不知过了多久，年轻人再次来到老人面前。他放下背包，席地而坐，喘了几口粗气，才说：“老人家，我一定要到山那边去，但走来走去，总是在原地打转，走不出迷惑的荆棘，您老人家能帮帮忙，告诉我出山的路吗？”

老人还是缓缓地抬起右手，伸出三个指头：“左、中、右，你想走哪一条路？”

“我想走一条平坦的路！”年轻人毫不犹豫地回答，脸上掠过一丝笑容。

“平坦的路是没有的啊！”老人说完，眼光却似乎充满了鼓励。

年轻人用沉思的眼光扫了老人一眼，似乎明白了老人的用意，背起背包，拄着拐杖，一步一步，坚定地向前走去。

人生本无坦途，在漫长的道路上，谁都难免遇上厄运和不幸。但生活的脚步不论是沉重、还是轻盈，我们从中不仅要品尝失败的痛苦，同时也应该学会享受收获与快乐。只要我们善于总结跌倒的教训，在哪里跌倒在哪里爬起来，告别迷惘的昨天，珍惜美好的今天，微笑着面对明天，充满信心展望更加灿烂的后天。不管是从辉煌成功中走出，还是在失败中奋起，漫漫人生路，踏平坎坷成大道，才是我们不懈的追求。

一家公司的主管，在一次培训课上用一幅图诠释了一个人生寓意。

他首先在黑板上画了一幅图：在一个圆圈中间站着一个人。接着，他在圆圈的里面加上了一座房子、一辆汽车、一些朋友。

主管说："这是你的舒服区。这个圆圈里面的东西对你至关重要：你的住房、你的家庭、你的朋友，还有你的工作。在这个圆圈里面，人们会觉得自在、安全，远离危险或争端。现在，谁能告诉我，当你跨出这个圈子后，会发生什么？"

教室里顿时鸦雀无声，一位积极的学员打破沉默："会害怕。"

另一位说："会出错。"

这时，主管微笑着说："当你犯错误了，其结果是什么呢？"

最初回答问题的那名学员大声答道："我会从中学到东西。"

主管说："是的，你会从错误中学到东西。当你离开舒服区以后，你学到了你以前不知道的东西，你增加了自己的见识，所以你进步了。"

主管再次转向黑板，在原来那个圈子之外画了个更大的圆圈，还加上些新的东西，包括更多的朋友、一座更大的房子等等。

"如果你总是在自己的舒服区里打转，你就永远无法扩大你的视野，永远无法学到新的东西。只有当你跨出舒服区以后，你才能使自己人生的圆圈变大，你才能把自己塑造成一个更优秀的人。"主管说道。

的确，在这个世界上，没有一成不变的环境与事物，每个人随时随地可能都需要转换生存方式、生存环境、生存角色、生存意识。如果始终拘泥于一种思考方式、一个固定的位置，就会成为井底之蛙，看不到更广阔的空间，得不到更长远的发展。

人类科学史上的巨人爱因斯坦，在报考瑞士联邦工艺学校时，竟因3科不及格落榜，被人嘲笑为“低能儿”。被誉为“东方卡拉扬”的日本著名指挥家小泽征尔，在初出茅庐的一次指挥演出中，曾被中途轰下场来，紧接着又被解聘。为什么厄运没有摧垮他们？因为他们眼里始终把坎坷看作人生的轨迹，是人生的一种磨炼。假如他们没有当时的厄运和无奈，也许就没有日后绚丽多彩的人生。

世上有许多的事情是难以预料的。成功伴随着失败，失败伴随着成功。面对成功或荣誉，不要狂喜，也不要盛气凌人，把功名利禄看轻些、看淡些；面对挫折或失败，要像爱因斯坦、小泽征尔那样，不要忧伤，更不要自暴自弃。

漫长的人生道路上，难免会有得意与失落的时候，十年河东，十年河西，在困难到来的时候，不需要你拼命地往前去冲，只要你别向后退缩，咬着牙挺过去，把手头的事做好了，幸福也就不远了。

人生本无坦途，太顺利了未必就是一件好事，人的一生，既要享受生活带给你的幸福，也要能承受生活带给你的磨难。生活是一把双刃剑，穷有穷的开心，富也有富的烦恼。重要的是你的心态，心态不好你的快乐就会很少，心态好了快乐就会随时在你身边。

在通向成功的人生道路上布满了荆棘，充满数不清的艰难、困苦、辛酸与煎熬。人世间的风风雨雨，就是这个世界赐予我们的智慧，一个人越是经风雨见世面，他的阅历就越广，阅历越广，大脑开发的程度就越高，大脑的开发程度越高，拥有的智慧就越多。

踏平坎坷是坦途，一个人一生中的坎坷，不是苦难，而是财富。每一个挫折与失败，都是一次痛苦的记忆和教训，但也是灯塔、航标，是未来人生路上的指南针。

无论是面对逆境，还是一直走在坦途上，只有怀着积极心态的人，才能不断地超越自己，才能在未来世界的发展之中立于不败之地。因此，我们每个人都要勇于更新自己的思维方式，转换自己的生存状态，调整自己的前进步伐。

不是每一次播种都有收获

并不是你的每一份努力都会收到效果，并不是你的每一次坚持都会有人看到，并不是你每一点付出都能得到回报，并不是你的每一个善意都能被理解……有很多时候，人需要一点耐心，一点信心。每个人总会轮到几次不公平的事情，而通常情况下，耐心等待是最好的应对办法。

有很多时候我们需要等待，需要耐得住寂寞，等待属于自己的那一刻。周润发等待过，刘德华等待过，周星驰等待过，王菲等待过，张艺谋也等待过……看到了他们如今的功成名就的，你可曾看到当初他们的等待和耐心？你可曾看到金马奖影帝在街边摆地摊？你可曾看到周星驰当年的角色甚至连一句台词都没有？

每一个成功者都有一段低沉苦闷的日子，闭上眼睛，几乎就能想象得出来他们当年的样子，也可以想象得出他们为了生存而挣扎的窘迫。在他们一生中最灿烂美好的日子里，他们渴望成功，但却两手空空，一如现在的你。

没有人保证他们将来一定会成功，而他们选择的是耐住寂寞。如果当时的他们总念叨着“成功只是属于特权阶级的”，那么他们今天会有如此的成就吗？

人总是会遇到挫折，总是会有低潮，总是会有不被人理解的时候，总是有处于低谷的时候，而这些恰恰是人生最关键的时候，因为大家都会碰到挫折，而大多数人过不了这个门坎，你能过，你就成功了。

在这样的时刻，我们需要耐心等待，满怀信心地去等待，相信生活不会放弃你，机会总会来的。

至少，还年轻，有什么可怕的呢？路要一步步走，虽然到达终点的那一步很激动人心，但大部分的脚步是平凡甚至枯燥的，但没有这些脚步，或者耐不住这些平凡枯燥，你终归是无法迎来最后的那些激动人心。

逆境，是上帝派来淘汰不合格者的帮手。要知道，你不好

受，别人也不好受，你坚持不下去了，别人也一样，当遇到困境的时候千万不要告诉别人你坚持不住了，那只能让别人获得坚持的信心，让竞争者微笑地看着你失去信心，退出比赛。胜利永远属于那些在寂寞中能够沉得住气的人。在最绝望的时候，去看看电影《甜心先生》《当幸福来敲门》，让自己重新鼓起勇气吧。因为无论什么时候，我们总还是有希望。即便是所有的人都失去了希望，我们也不可以对自己失去信心。

永不绝望才有希望

一个人不可能总是一帆风顺的，在时运不济时永不绝望的人就有希望。诸葛孔明六出祁山，是什么在支撑着他？是财富？是官爵吗？都不是，是精神，是一种“永不绝望”的精神。每一个人都有自己人生的最高理想。然而，却只有极少数的人成功地步入自己的理想领域。由此说来，多数人缺少的便是这种永不绝望

的精神。我们必须承认，生活中的挫折有时的确惊人、可怕。但可以这样说，重大的挫折压倒的，只是人的躯壳，而它万万压不倒的是人们“永不绝望”的精神！

在生死攸关的情况下，这种永不绝望的精神更是显得珍贵，甚至它就是我们性命之所系。

那是在1966年的夏天。一天，德国南部的一个煤矿发生塌坑事故，有16人埋在坑道里，矿工家属们拥挤在矿坑口喊叫着：“我丈夫怎么样啊？”“我父亲还活着吧？快点救呀！”这些母亲、妻子、儿女、兄弟姐妹，他们都诚恳地向上帝祷告：救救我们家那个干活的人吧！他们哭喊着，对正在进行的救助工作投以全部希望。

这时，联络线传来消息：“16个人中有15名平安无事。”接着，又念出了15个人的名字。这15个人的家属们大大松了一口气。

可是，在幸存者的名单中却没有被念到一名叫布列希特的青年矿工的名字。他才刚结婚两天，他那年轻的妻子叫着：“我丈夫布列希特不行了吗？”她的嘴唇颤抖，强忍悲痛。

“不，还不能这么说，我们呼喊过他的名字，但没得到回答。所以，还不确定他在什么地方，在情况还没最后弄清前请不要灰心，我们一定会把他救出来。”救助队的负责人眼望这位刚刚结婚的妙龄新娘，怜悯之情油然而生。

“我相信布列希特一定活着，请无论如何也要把他救出来！”这位少妇两只盈满泪水的大眼睛里透出一种强烈的愿望，充满了对救护队长的哀求之意。

她始终坚定地相信丈夫还活着，把全部思念之情倾注在坑道里的丈夫身上。她对着地下坑道喊叫着：“你要振作精神活下去呀，为了你和我，你不能死。他们一定会救出你的。”而这位布列希特，在矿坑塌陷的一霎那间，仓惶逃跑弄错了方向，和其他人失散了，所以独自一人被埋在坑道间隙的一小块场地里，加上被隔离的地方与地面联络线路相距很远，所以，他就像深锁在孤独的密室里一样，与外界完全断绝了。他在600米的地下，强忍着饥饿和阴暗环境的侵袭，费尽心力，使他那生命之灯继续点燃下去。

事故发生后，已经过了整整13个小时之久。突然，在他耳边出现了他妻子的声音，虽然声音很小，但还能依稀可辨。“你要挺住！要活下去！他们一定会救出你的。”啊，这是多么清晰而亲切的声音，爱人在呼唤着自己！我不能死，要活下去！布列希特深锁在黑暗塌坑里，一直用妻子的鼓励支撑着他那即将衰竭的气力。

妻子在坑外心急如焚。她不断地向地下的丈夫呼叫，声音都已经嘶哑，对周围人们轻蔑的表情和不可思议的目光毫不理睬。她坚定地相信，自己的声音一定能传给坑道内的丈夫。

抢救工作格外困难，由于抢救不及时，原来幸存的15个人被抬出坑口的时候，已经是15具尸体。他们的家属悲痛欲绝，号啕大哭。只剩下布列希特一个人了。到第六天，奇迹出现了：他被救出来时仍然活着。

“我能在黑暗的矿坑里活到现在，全靠妻子的鼓励，没有她的持续不断的喊声恐怕我早已绝望而死了。”青年矿工以充满对心爱妻子的感激之情向人们诉说着。

这就是希望的神奇力量，它能支撑人的生命，若不是矿工和他妻子两人都未绝望，恐怕事情就是另一个结局了。

无独有偶，在那年的英吉利海峡也发生过一件类似的事。

1966年10月，一个漆黑的夜晚，在英吉利海峡发生了一起船只相撞事件。一艘名叫“小猎犬号”的小汽船跟一艘比它大10多倍的航班船相撞后沉没了，104名搭乘者中有11名乘务员和14名旅客下落不明。

艾利森国际保险公司的督察官弗朗西斯从下沉的船身中被抛了出来，他在黑色的波浪中挣扎着。他觉得自己已经气息奄奄了。但救生船还没来。渐渐地，附近的呼救声、哭喊声低了下来，似乎所有的生命全被浪头吞没，死一般的沉寂在周围扩散开去。弗朗西斯觉得他生存的希望已经渐渐消失，他就快要绝望了。就在这令人毛骨悚然的寂静中，出人意料地突然传来了一阵优美的歌声。那是一个女人的声音，歌曲丝毫也没有走调，而且也不带一点儿哆嗦。那歌唱者简直像面对着客厅里众多的来宾在进行表演一样。

弗朗西斯静下心来倾听着，一会儿就听得入了神。教堂里的赞美诗从没有这么高雅，大声乐家的独唱也从没有这般优美。寒冷、疲劳刹那间不知飞向了何处，他的心境完全复苏了。他循着歌声，朝那个方向奋力游去。靠近一看，那儿浮着一根很大的圆木头，可能是汽船下沉的时候漂出来的。几个女人正抱住它，唱歌的人就在其中，她是个很年轻的姑娘。大浪劈头盖脸地打下来，她却仍然镇定自若地唱着。在等待救生船到来的时候，为了让其他妇女不丧失力气，为了使她们不致因寒冷和失神而放开那根圆木头，她用自己的歌声给她们增添着精神和力量。就像弗朗西斯借助姑娘的歌声游靠过去一样，一艘小艇也以那优美的歌声为导航，终于穿过黑暗驶了过来。于是，弗朗西斯、那唱歌的姑娘和其余的妇女都被救了上来。

所以，在面对绝境的时候，你可以选择垂头丧气地哭泣或哀号，绝望地将自己交与命运之手；你也可以选择把恐惧扔在一边，像那姑娘一样唱支动听的歌，鼓舞自己，给自己点燃希望。

第2章

不愿一生吹风晒太阳，咸鱼也要有梦想

就算全世界都否定你，你也要相信自己

有一个墨西哥女人和丈夫、孩子一起移民美国，当他们抵达德州边界艾尔巴索城的时候，她丈夫不告而别，离她而去。留下她束手无策地面对两个嗷嗷待哺的孩子。22岁的她带着不懂事的孩子，饥寒交迫。虽然口袋里只剩下几块钱，她还是毅然地买下车票前往加州。

在那里，她给一家墨西哥餐馆打工，从大半夜做到早晨6点钟，收入只有区区几块钱。然而她省吃俭用，努力储蓄，希望能做属于自己的工作。

后来她打算自己开一家墨西哥小吃店，专卖墨西哥肉饼。有一天，她拿着辛苦攒下来的一笔钱，跑到银行向经理申请贷款，她说："我想买下一间房子，经营墨西哥小吃。如果你肯借给我几千块钱，那么我的愿望就能够实现。"一个陌生的外国女人，没有财产抵押，没有担保人。她自己也不知能否成功。但幸运的是，银行家佩服她的胆识，决定冒险资助……15年以后，这家小吃店扩展成为全美最大的墨西哥食品批发店。她就是拉梦娜·巴努宜洛斯，还担任过美国财政部长。

这是一个平凡女人的自信带来的成功。自信使她白手起家寻求生路；自信给了她战胜厄运的勇气和胆量；自信也给她带来了聪明和智慧。任何人都会成功，只要你肯定自己、相信自己一定会成功，那么你将如愿以偿。

自信与胆量密切相关，自信可以产生勇气，同样，勇气也可以产生自信，而缺乏胆量或过分的自我批判就会削弱自信。

自信是成功人生的最初的驱动力，是人生的一种积极的态度和向上的激情。

同是享用一盘水果，有的人喜欢从最小最坏的吃起，把希望放在下一颗，感觉吃过的每一颗都是盘里最坏的，这盘水果就彻头彻尾成了一盘坏水果了。相反，有的人喜欢从最好最大的吃起，那么吃下去的每一颗都是盘里的最好的，美好的感觉可以维持到最后。

这是一种奇妙的非逻辑性的感觉，充满心理错觉和心理暗示。

自信与自卑，也是如此。主动与被动仅一字之差，但生命情调却如同吃这盘水果，神情感觉相隔万里。

同是阴雨天气，自信的人在灵魂上打开一扇天窗，让阳光洒在心里，由内而外透射出来，神采奕奕精力充沛，温暖让你感觉得到；自卑的人却在灵魂上打了一排小孔，让阴雨渗进去，潮湿的霉气散发出来，她站在阴暗的边缘，一不小心都看不出来。

同是看一个人，一个比自己优秀的人。自信的人懂得欣赏，并在欣赏的过程中充实自己，相信“我可以更好”；自卑的人萌生嫉妒，并在嫉妒的过程中不断丑化对方，让自己相信“原来我看错了”。

相隔并不遥远，就像在有雾的天气里近处的一盏路灯。灯光暗淡，光影模糊，感觉很有一段距离。然而等太阳出来，云雾散去，才发现原来那盏灯就在眼前。

不正确的所谓的自信，多流于无知的轻率或任性的固执，或目空一切，或刚愎自用，或一意孤行。人们把目光短浅的狂妄叫作自信，却不在意其盲目。人们把阻言塞听的自负叫作自信，却不在意其狭隘。人们把掩耳盗铃的鲁莽叫作自信，却不在意其愚昧。自信仿佛成了点缀个性的奢侈之品，体现性格的装饰之物。

所以，真正的自信是一种睿智，那是胸有成竹的镇静，是虚怀若谷的坦荡，是游刃有余的从容，是处乱不惊的凛然。

自信不是初生牛犊不怕虎的意气，也不是搬弄教条经验的冥顽。自信不是孤芳自赏，不是夜郎自大，也不是毫无根据的自以为是和盲目乐观。自信的魅力在于它永远闪耀着睿智之光。它是深沉而不晦涩的，是一种有着智慧、勇气、毅力支撑的强大的人格力量。

真正自信者，必有深谋远虑的周详，有当机立断的魄力，有坚定不移的矢志，有雍容大度的豁达。它蕴涵在果决刚毅的眉宇之间，是夸父追日，生生不息。它潜藏在宽阔博大的襟怀之中，是高瞻远瞩，胸怀全局。它浮现在力挽狂澜的气势之上，是审时度势，取舍自如。

乐观的态度、自信的人生，是充实而又富有的，是另一种别样的财富，这种财富只有拥有了乐观自信的人才会拥有它。

每个生命都不卑微

著名企业家迈克尔出身贫寒，家境穷困潦倒。在从商以前，他曾是一家酒店的服务生，干的就是替客人搬运行李、擦车的活。

有一天，一辆豪华的劳斯莱斯轿车停在酒店门口，车主人吩咐一声："把车洗洗。"迈克尔那时刚刚中学毕业，还没有见过世面，从未见过这么漂亮的车子，不免有几分惊喜。他边洗边欣赏这辆车，擦完后，忍不住拉开车门，想上去享受一番。这时，正巧领班走了出来，"你在干什么？穷光蛋！"领班训斥道，

“你不知道自己的身份和地位吗？你这种人一辈子也不配坐劳斯莱斯！”

受辱的迈克尔从此发誓：“这一辈子我不但要坐上劳斯莱斯，还要拥有自己的劳斯莱斯！”

他的决心是如此强烈，以至于成了他人生的奋斗目标。许多年以后，当他事业有成时，果然买了一辆劳斯莱斯轿车！如果迈克尔也像领班一样认定自己的命运，那么，也许今天他还在替人擦车、搬运行李，最多做一个领班。而高普一语道破天机，他说：“并非每一次不幸都是灾难，早年的逆境通常是一种幸运，与困难作斗争不仅磨炼了我们的人生，也为日后更为激烈的竞争准备了丰富的经验。”

美国 NBA 男子职业联赛中有一个夏洛特黄蜂队，黄蜂队有一位身高仅 1.60 米的运动员，他就是蒂尼·博格斯——NBA 最矮的球星。博格斯这么矮，怎么能在巨人如林的篮球场上竞技，并且跻身大名鼎鼎的 NBA 球星之列呢？这是因为博格斯的自信。

博格斯自幼十分喜爱篮球，但由于身材矮小，伙伴们瞧不起他。有一天，他很伤心地问妈妈：“妈妈，我还能长高吗？”妈妈鼓励他：“孩子，你能长高，长得很高很高，会成为人人都知道的大球星。”从此，长高的梦像天上的云在他心里飘动着，每时每刻都闪烁着希望的神圣之光。

“业余球星”的生活即将结束了，博格斯面临着更严峻的考验——1.60 米的身高能打好职业赛吗？

博格斯横下心来，决定要在高手如云的NBA赛场上闯出自己的一片天地。“别人说我矮，反倒成了我的动力，我偏要证明矮个子也能做大事情。”在威克·福莱斯特大学和华盛顿子弹队的赛场上，人们看到蒂尼·博格斯简直就是个“地滚虎”，从下方来的球90%都被他收走……

后来，凭借精彩出众的表现，蒂尼·博格斯加入了实力强大的夏洛特黄蜂队，在他的一份技术分析表上写着：投篮命中率50%，罚球命中率90%……

一份杂志专门为他撰文，说他个人技术好，发挥了矮个子重心低的特长，成为一名使对手害怕的断球能手。“夏洛特的成功在于博格斯的矮”，不知是谁喊出了这样的口号。许多人都赞同这一说法，许多广告商也推出了“矮球星”的照片，上面是博格斯淳朴的微笑。

成为著名球星的博格斯始终牢记着当年妈妈鼓励他的话，虽然他没有长得很高很高，但可以告慰妈妈的是，他已经成为人人都知道的大球星了。

其实，每个生命都不卑微。在我们的生活中，我们无须因自己角色的卑微而否定自己的智慧，因自己地位的低下而放弃自己的梦想，有时甚至因被人歧视而消沉，因不被人赏识而苦恼。这个时候，我们就应该给予自己更多的支持和鼓励，勇敢前行。

成功从自信开始

为什么不多给自己一些信心呢？还是那句老话：成功从自信开始，自信是成功的基石。

一位中国留学生刚到加拿大的时候，为了寻找一份能够糊口的工作，他骑着一辆旧自行车沿着环加公路走了数日，替人放羊、割草、收庄稼、洗碗……只要给一口饭吃，他就会暂且停下疲惫的脚步。

一天，在唐人街一家餐馆打工的他，看见报纸上刊出了加拿大电讯公司的招聘启事。留学生担心自己英语不地道，专业不对口，他就选择了线路监控员的职位去应聘。过五关斩六将，眼看他就要得到那年薪三万五的职位了，不想招聘主管却出人意料地问他："你有车吗？你会开车吗？我们这份工作时常外出，没有车寸步难行。"

加拿大公民普遍拥有私家车，无车者寥若辰星，可这位留学生初来乍到还属无车族。为了争取这个极具诱惑力的工作，他不假思索地回答："有！会！"

"4 天后，开着你的车来上班。"主管说。

4 天之内要买车、学车谈何容易，但为了生存，留学生豁出去了。他在华人朋友那里借了 500 加元，从旧车市场买了一辆外表丑陋的"甲壳虫"。第一天他跟华人朋友学简单的驾驶技术；第二天在朋友屋后的那块大草坪上模拟练习；第三天歪歪斜斜地开着车上了公路；第四天他居然驾车去公司报了到。时至今日，他已是“加拿大电讯”的业务主管了。

吴士宏是我们耳熟能详的名人。在吴士宏走向成功的过程中，她初次去 IBM 面试那段最值得称道了。当时的她还只是个小护士，抱着个半导体学了一年半许国璋英语，就壮起胆子到 IBM 去应聘。

那是 1985 年，站在长城饭店的玻璃转门外，吴士宏足足用了五分钟的时间来观察别人怎么从容地步入这扇神奇的大门。

两轮的笔试和一次口试，吴士宏都顺利通过了。面试进行得也很顺利。最后，主考官问她：“你会不会打字？”

“会！”吴士宏条件反射般地说。

“那么你一分钟能打多少？”

“您的要求是多少？”

主考官说了一个数字，吴士宏马上承诺说可以。她环顾了四周，发现现场并没有打字机，果然考官说下次再考打字。

实际上，吴士宏从来没有摸过打字机。面试结束，她飞也似的跑了出去，找亲友借了 170 元买了一台打字机，没日没夜地敲打了一个星期，双手疲乏得连吃饭都拿不住筷子了，但她竟奇迹般地达到了考官说的那个专业水准。过好几个月她才还清了那笔债务，但公司也一直没有考她的打字功夫。

吴士宏的成功经历告诉我们：自信是走向成功的第一步，当你用满腔的自信去迎接考验时，就相当于打响了走向成功的第一炮！

有些人平时和身边的朋友亲人可以自由地侃侃而谈，而往往遇到陌生的但很关键的场面就会变得很怯场，等于人为地为自己的成功之路设置了障碍。

美国一位职业指导专家认为，21世纪人们首先应当学会的是充满自信地推荐自己。可见，在现代社会，面试过程中如何自信自如地把自己推荐给主考官是决定一生的大事。所以，每一个人都应当高度重视，记住：成功从自信开始，要想赢得一生的辉煌，就首先要满怀热诚地相信自己。

人不动，则运不行

有一位老教授，一生爱好收藏，早年收藏了许多价值连城的古董。他的老伴很早就死了，留下三个孩子。后来，孩子们长大以后就出国了，很少回来看他。

孩子不在身边，老教授一直很寂寞，所幸还有一个昔日的学生经常来陪他。

许多人都说："这位年轻人放着自己的正事不干，成天陪着老头子，好像很孝顺的样子，他这样做都是为了老头子的钱！”

老教授的孩子们也常从国外打电话回来，叮咛老教授务必小心，千万不要被骗。

“我当然知道，”老教授总是这么说，“我又不是傻瓜。”

后来老教授死了。律师宣读遗嘱时，三个孩子都从国外赶回来，老教授的那一位学生也到了。遗嘱宣读之后，三个孩子的脸都绿了，因为听到老教授居然把大半的收藏都留给了那个学生。

同时，老教授在遗嘱上向孩子们解释说：“我知道他可能看上我的古董收藏。但是，在我寂寞的晚年，只有他才是真正照顾我的人！孩子们尽管爱我，但是说在嘴里、挂在心上，却从不伸出手来照顾我。就算我这位学生的热心都是假的，但是，能够这样陪我、照顾我十几年，连句怨言都没有，这是你们都没有做到的。”

诚如老教授所说，只是在嘴上说出美好的愿望却没有实际行动的人是多么不正常和不真诚啊，虽然我们在做事情的时候没有必要提前宣布，但我们必须要在行动中表现出我们的愿望。尽管行动有时候并不能帮助我们达成自己的愿望，但是没有行动的愿望就只能是空想，它永远都不可能被落实在生活中。

有一个一贫如洗的年轻人总是想着如何能够摆脱贫穷，但又不想付诸行动，于是他每隔两三天就到教堂祈祷，而且他的祷告词几乎每次都相同。

第一次他到教堂时，跪在圣坛前，虔诚地低语：“上帝啊，请念在我多年来敬畏您的分上，让我中一次彩票吧！”

几天后，他又垂头丧气地回到教堂，同样跪着祈祷：“上帝啊，为何不让我中彩票？我愿意更谦卑地来服侍您，求您让我中一次彩票吧！”

又过了几天，他再次出现在教堂，同样重复着他的祈祷。如此周而复始，他不间断地祈求着。

到了最后一次，他跪着说：“我的上帝，您为什么不垂听我的祈求呢？让我中彩票吧！只要一次，让我解决所有困难，我愿终身奉献，专心侍奉您。”

就在这时，圣坛上空发出了一阵宏伟庄严的声音：“我一直在垂听你的祷告。可是——最起码，老兄你也该先去买一张彩票吧！”

现实生活中有不少这样的人，心中有好的想法却不愿或不敢行动起来，类似的事情在你身上也可能发生。想想你是不是常常渴望成功，却没有为成功做出过一丝一毫的努力？

你应该懂得，要成功，光有愿望是不够的，还必须拥有一定要成功的决心，配合确切的行动，坚持到底，方能成功。

行动，是通往成功的清幽小路。只有下定决心，历经学习、奋斗、成长这些不断的行动，才有资格摘下成功的甜美果实。而大多数的人，在开始时都拥有很远大的梦想，如同故事中那位祈祷者，但却从未掏腰包真正去买过一张彩票。缺乏决心与实际行动的梦想，于是开始萎缩，种种消极与不可能的思想衍生，甚至于就此不敢再存任何梦想，过着随遇而安、乐于知命的平庸生活。

这也是为何成功者总是占少数的原因。了解了一些成功哲学后的你，是否真心愿意在此刻为自己的理想，认真地下定追求到底的决心，并且马上行动呢？

依赖别人，不如期待自己

人生总是会遇到不顺的情况，很多人处于不利的困境时总期待借助别人的力量改变现状，殊不知，在这个世界上，最可靠的人不是别人，而是你自己，为何总想着依赖别人，而不是依赖自己呢？在这个世界上，你要勇敢地做你自己的上帝，因为，你的命运只能由你自己来主宰。

人要勇敢地做自己的上帝，因为真正能够主宰自己命运的人就是自己，当你相信自己的力量之后，你的脚步就会变得轻快，你就会离成功的目标越来越近。只有做自己的上帝，你才能充分发挥你自身的潜能。如果你还在等待别人的帮助，那就在这一刻改变吧。

从21世纪人才的竞争来看，社会对人才素质的要求是很高的，除了具备良好的身体素质和智力水平，还必须具备生存意识、竞争意识、科技意识，以及创新意识。这就要求我们从现在开始注重对自己各方面能力的培养，只有使自己成为一个全面

的、高素质的人，才可能在未来的竞争中站稳脚跟，取得成功。

人若失去自我，是一种不幸；人若失去自主，则是人生最大的缺憾。赤、橙、黄、绿、蓝、靛、紫，每个人都应该有自己的一片天地和特有的亮丽色彩。你应该果断地、毫无顾忌地向世人宣告并展示你的能力、你的风采、你的气度、你的才智。在生活的道路上，必须自己作选择，不要总是踩着别人的脚印走，不要总是听凭他人摆布，而要勇敢地驾驭自己的命运，调控自己的情感，做自己的主宰，做命运的主人。

善于驾驭自我命运的人，是最幸福的人。只有摆脱了依赖，抛弃了拐杖，具有自信、能够自主的人，才能走向成功。自立自强是走入社会的第一步，是打开成功之门的金钥匙。

真正的自助者是令人敬佩的觉悟者，他会藐视困难，而困难也会在他面前轰然倒地。

行动起来，因为只有你自己才能真正帮助自己。依赖别人，不如期待自己。

跨越自己给自己设的藩篱

有时候，限制我们走向成功的，不是别人拴在我们身上的锁链，而是我们自己为自己设置的障碍。高度并非无法超越，只是我们无法超越自己思想的限制，更没有人束缚我们，只是我们自己束缚了自己。

1968 年，在墨西哥奥运会的百米赛场上，美国选手海恩斯撞线后，激动地看着运动场上的计时牌。当指示器打出 9.9 秒的字样时，他摊开双手，自言自语地说了一句话。

后来，有一位叫戴维的记者在回放当年的赛场实况时再次看到海恩斯撞线的镜头，这是人类历史上第一次在百米赛道上突破 10 秒大关。看到自己破纪录的那一瞬，海恩斯一定说了一句不同凡响的话，但这一最佳新闻点，竟被现场的四百多名记者疏忽了。

因此，戴维决定采访海恩斯，问问他当时到底说了一句什么话。

戴维很快找到海恩斯，问起当年的情景，海恩斯竟然毫无印象，甚至否认当时说过什么话。

戴维说："你确实说了，有录像带为证。"

海恩斯看完戴维带去的录像带，笑了。他说："上帝啊，那扇门原来是虚掩的。"

谜底揭开后，戴维对海恩斯进行了深入采访。

自从欧文斯创造了10.3秒的成绩后，曾有一位医学家断言，人类的肌肉纤维所承载的运动极限，不会超过每秒10米。

海恩斯说：“30年来，这一说法在田径场上非常流行，我也以为这是真理。但是，我想，自己至少应该跑出10.1秒的成绩。每天，我以最快的速度跑5公里，我知道百米冠军不是在百米赛道上练出来的。当我在墨西哥奥运会上看到自己9.9秒的纪录后，惊呆了。原来，10秒这个门不是紧锁的，而是虚掩的，就像终点那根横着的绳子一样。”

后来，戴维撰写了一篇报道，填补了墨西哥奥运会留下的一个空白。不过，人们认为它的意义不限于此，海恩斯的那句话，为我们留下的启迪更为重要。命运的门总是虚掩的，它会给我们留下一道开启的缝隙，可是我们情愿相信那是一堵不可穿越的墙。于是，我们独特的创意被自己抹杀，认为自己无法成功致富；告诉自己，难以成为配偶心目中理想的另一半，就无法成为孩子心目中理想的父母。然后，开始向环境低头，甚至开始认命、怨天尤人。

这一切都是我们心中那条系住自我的铁链在作祟罢了。或许，你必须耐心静候生命中来一场大火，逼得你非得选择挣断链条或甘心遭大火席卷。或许，你将幸运地选对了前者，在挣脱困境之后，语重心长地告诫后人，人必须经苦难磨炼方能得以成长。

其实，面对人生，你还有一种不同的选择。你可以当机立断，运用我们内在的能力，当下立即挣开消极习惯的捆绑，改变自己所处的环境，投入另一个崭新的积极领域中，使自己的潜能得以发挥。

你愿意静待生命中的大火？甚至甘心遭它席卷，低头认命？抑或立即在心境上挣开环境的束缚，获得追求成功的自由？

这项慎重的选择，当然得由你自行决定。

善用智慧，才会更容易到达梦想的彼岸

我们很可能遇到这样的情形：有时候会觉得所有的问题都会接踵而至，所有的难题似乎都在同一时间之内抛向了你，于是你开始晕头转向，觉得为什么自己的运气会这么差？而每每这个时候，人越是要慎重走好每一步，每一步都要经过深思熟虑，只有深思熟虑之后不走错路，这些问题才能迎刃而解，自己的前途才能无限光明。

做任何事情，都既要勤奋刻苦，又要开动脑筋想办法。傻瓜喜欢速决：他们不顾障碍，行事鲁莽，干什么事都急匆匆的；有时候尽管判断正确，却又因为疏忽或办事缺乏效率而出差错；在遇到难题的时候，不是积极主动地寻找方法，而是默默地待在那里等待时间去自行解决。但是智者却不会这样，他们一生都在开动脑筋，积极寻找新的方法，为人类解决了很多曾被认为是根本解决不了的问题。在现代社会，每个人都在想一切办法来解决生活中的问题，而且，最终的强者也将是善于寻找新方法的那一部

分人。

稻盛和夫在日本经济界享有很高的声誉。他所创办的京都陶瓷公司，是日本最著名的高科技公司之一。该公司刚创办不久，就接到著名的松下电子的显像管零件 U 形绝缘体的订单。这笔订单对于京都陶瓷公司的意义非同一般。

但是，与松下做生意绝非易事，商界对松下电子公司的评价是:“松下电子会把你尾巴上的毛拔光。”对新创办的京都陶瓷公司，松下电子虽然看中其产品质量好，给了他们供货的机会，但在价钱上却一点都不含糊，且年年都要求降价。对此，京都陶瓷有一些人很灰心，因为他们认为：再这样做下去的话，根本无利可图，不如干脆放弃算了。但是，稻盛和夫认为：松下出的难题，确实很难解决，但是，屈服于困难，也许是给自己找借口，只有积极主动地想办法，才能最终找到解决之道。

经过再三摸索，京都陶瓷公司创立了一种名叫“变形虫经营”的管理方式。其具体做法是将公司分为一个个的“变形虫”小组，作为最基层的独立核算单位，将降低成本的责任落实到每一个人身上。即使是一个负责打包的员工，也都知道用于打包的绳子原价是多少，明白浪费一根绳会造成多大的损失。这样一来，公司的营运成本大大降低，即便是在满足松下电子苛刻的条件下，利润也甚为可观。

有些问题的确非常顽固，想了许多办法，仍无法解决。于是有人便认为“已是极限”，或是“已经尽力”，再努力也是白搭。

当你真正经过一番努力奋斗后，就知道所谓“难”，其实只是自己的“心灵桎梏”。解决问题的关键不在于问题本身，而在于我们没有解开自己的心结，在于我们没有用心去“想”。不怕问题困难，就怕不想。就好像一把钥匙开一把锁，每一个问题都会有解决的办法，而这把解决问题的钥匙，就在我们自己身上。

在面对一个问题时，如果不积极思考，努力寻找应对之策，那么，即使你是一名天才，面对该问题，你仍会一筹莫展。所以我们就要开动自己的脑筋走好每一步，才能够让坏牌变好牌！

失败了不要紧，再试一次

成功的人，往往是那些勇于尝试、播撒种子最多的人。所以，失败了不要紧，再试一次，或许就会有转机。

如果仔细观察，你就会发现：每棵苹果树上大概有 500 个苹果，每个苹果里平均有 10 颗种子。通过简单的乘法，我们得出这样的结论：一棵苹果树有大约 5000 颗种子。你也许会问，既然种子的数目如此可观，为什么苹果树的数量增加不是那么快呢?

原因很简单，并不是所有的种子都会生根发芽，它们中的大部分会因为种种原因而半路夭折。在生活中也是如此，我们要想获得成功、实现理想，就必须经历多次的尝试。这就是“种子法则”。

参加 20 次面试，你才有可能得到一份工作；组织 40 次面试，你才有可能找到一个满意的雇员；跟50个人逐个洽谈后，你才有可能卖掉一辆车、一台吸尘器或是一栋房子；交友过百，运气好的话，你才有可能找到一个知心好友。

所以，成功的人，往往是那些勇于尝试、播撒种子最多的人。

一鸣惊人、一举成功的事，在这个世界上并不多见。更多的成功在于人们坚定的信念和勤奋地工作。好的创意的实现还要靠锲而不舍的努力尝试才能成功。所以，如果你遭遇失败，千万不要放弃，也许只要多试一次，事情就会大有改观。

葛林·康汉宁，曾经被烧成重伤，并且被医生宣告：他以后只能靠轮椅度日了。可是，他创造了奇迹，他竟然能够健步如飞，并且跑出了世界最好成绩。为了实现站起来的愿望，他付出了巨大的努力。他一次又一次地试下去，实在令人感动。朋友们，我们应该向葛林·康汉宁学习。在困难面前，不要放弃，一定要咬紧牙关，坚持，坚持，再坚持。也许，就在一次次的坚持之下，我们的梦想变成了现实。无论如何，像葛林·康汉宁那样，再试一次吧！

在一场火灾中，一个小男孩儿被烧成重伤。医院全力以赴挽救了他的生命，但他的下半身却毫无行动能力，没有任何知觉。医生悄悄地告诉他的妈妈，孩子以后只能靠轮椅度日了。

出院以后，妈妈每天都推着他在院子里转一转。

有一天，天气十分晴朗，妈妈推着他到院子里呼吸新鲜空气，后来妈妈有事暂时离开了。天空是如此的美丽，蓝得好似水洗过一般。风儿轻柔地吹着，草地上盛开着各色的小花。男孩儿的心如同从沉睡中醒来，一股强烈的冲动自他的心底涌起：我一定要站起来！他奋力推开轮椅，然后拖着无力的双腿，用双肘在草地上匍匐前进。一步一步地，他终于爬到了篱笆墙边；接着，他用尽全身力气，努力抓住篱笆墙站了起来，并且试着扶住篱笆墙行走。未走几步，汗水从额头淌下。他停下来喘口气，咬紧牙关，又拖着双腿再走，一直走到篱笆墙的尽头。

每一天，他都要抓紧篱笆墙练习走路。可一天天地过去了，他的双腿始终无力地垂着，没有任何知觉。他不甘心困于轮椅的生活，紧握拳头告诉自己，未来的日子里，一定要靠自己的双腿来行走。终于，在一个清晨，当他再次拖着无力的双腿紧拉着篱笆墙行走时，一阵钻心的疼痛从下身传了过来。那一刻，他惊呆了——自从烧伤之后，他的下半身再也没有任何知觉。他怀疑是自己的错觉，又

试着走了几步。没错，那种钻心的疼痛又一次清晰地传了过来。他的心狂喜地跳动着。在他不懈的努力下，他的下肢开始恢复知觉了。他一遍又一遍地走着，尽情地享受着那钻心般的痛楚。

自那以后，他的身体恢复得很快。先是能够慢慢地站起来，扶着篱笆墙走几步；渐渐地他便可以独立行走了。有一天，他竟然在院子里跑了起来。

至此，他的生活与一般的男孩子再无两样。他读大学的时候，还被选进了田径队。当他健步如飞时，没有人知道他曾经是一个被医生宣告要终身与轮椅为伴的孩子。

他就是葛林·康汉宁，他曾经跑出过全世界最好的成绩。

很多事情都是这样，往往再试试，就会有意想不到的收获。令人感到遗憾和悲哀的是，面对一而再、再而三的失败，多数人选择了放弃，没有再给自己一次机会。

大家都知道电话是贝尔发明的。其实发明电话的大量工作是爱迪生等科学家完成的，贝尔所做的仅仅是将电话中的一个螺母转动了 1/4 周。为此他们打了一场著名的官司。法院最后将电话的发明权判给了贝尔。法官说：虽然爱迪生等科学家做了大量工作，但他们认为电话不能实际应用，而最终放弃了。可贝尔没有放弃。他将螺母转动了 1/4 周，改变了电流幅度，让电话有了实际用途，所以电话的发明权应属于贝尔。爱迪生等科学家在发明电话这件事上的失败距离成功有多远呢？仅仅只是将一个螺母转 1/4 周。

你无法主宰世界，但你可以选择人生

有些人，在智商方面可能并没有什么超常的地方，但他们总有某个特质是超出常人的。这种时候，只有使这些能让自己成就大事的特质得到充分的发挥，人才有可能成功。

每个人在给自己定位或者确定方向的时候，总会受到外界这样或者那样的影响，其中包括父母长辈的期望。在这种情况之下，一个人就容易受外在事物的影响，不遵从自身特质的指引，走上一条受他人影响，甚至由别人指定的道路。

这对于任何人而言都是一种悲哀。每个人遇到这种情况时，都应该坚持，坚持自己的特质。

诺贝尔物理学奖获得者杰拉德斯·图夫特的成长经历在杰出人士这一群体中就很具有代表性。

当杰拉德斯·图夫特还是一个8岁的小男孩时，一位老师问他："你长大之后想成为怎样的人？"他回答："我想成为一个无所不知的人，想探索自然界所有的奥秘。"图夫特的父亲是一位工程师，因此想让他也成为一名工程师，但是他没有听从。"因为我的父亲关注的事情是别人已经发明的东西，我很想有自己的发现，做出自己的发明。我想了解这个世界运作的道理。"正是有着这样的渴求，当其他孩子正在玩耍或者在电视机前荒废时光的时候，小小的图夫特就在灯前彻夜读书了。"我对于一知半解从来不满足，我想知道事物的所有真相。"他很认真地说。

图夫特告诫我们要保持自我。“最重要的是一定要决定你要走什么样的道路。你可以成为一名科学家，可以去做医生，但是一定要选择你的道路。世界上没有完全相同的两个人，这就是人类能够取得各种各样成就的原因。所以没有必要来强迫一个人去做他不感兴趣的工作。如果你对科学感兴趣，你要尽量找一些好的老师，这点非常重要。即使是这样，你也不一定就会获得诺贝尔奖，这些事情是可遇而不可求的，你不能过于注重结果，你不要期望一定能取得什么样的成就。如果你真正地投入到一个领域当中，倘若那不是你想要得到的，那么你也不能从中发现真正的乐趣。”

这话深刻地揭示了保持自己的特长，让自己前行的道路能够顺应自己固有的特质延伸，对于杰出人士的成长，可谓是至关重要。

德塞纳维尔，在别人眼里是干什么都不行的庸才。但是，他总觉自己有点儿与众不同的地方。有一天，他脑子里飘起一段曲调，他便将它大概哼了出来，并用录音机录了下来，请人写成乐谱，名为《阿德丽娜叙事曲》。阿德丽娜正是他的大女儿。曲子谱好后，就在罗曼维尔市找了一个游艺场的钢琴演奏员为之录音。这个演奏员没啥名气，穷酸得很。德塞纳维尔给他取了个艺名，叫理查德·克莱德曼……这一演奏不要紧，在音乐界引起了轰动，唱片在全世界一下子卖了2600万张，德塞纳维尔发了财。他说：“我不会玩任何乐器，也不识乐谱，更不懂和声。不过我喜欢瞎哼哼，哼出些简单的、大众爱听的调儿。”

德塞纳维尔只作曲，不写歌，他的曲子已有数百首，并且流行全球。20 年来，德塞纳维尔靠收取巨额版税，过上了富足的生活。成功人士都是这样，保持特质，最后他们得到了一片蓝天。

你要相信，没有到达不了的明天

生活陷入困顿，人生陷入低谷，这个时候你在想些什么？就打算这样过一辈子吗？当然不能。面对生活的不幸，我们只有依靠坚韧的态度来承担风雨，才有机会重见阳光。

世界上最容易、最有可能取得成功的人，就是那些坚忍不拔的人。无论你现在的境况如何，都要坚定不移、百折不挠。

莎莉·拉斐尔是美国著名的电视节目主持人，曾经两度获奖，在美国、加拿大和英国每天有 800 万观众收看她的节目。可是她在 30 年的职业生涯中，却曾被辞退 18 次。

刚开始，美国大陆的无线电台都认定女性主持不能吸引观众，因此没有一家愿意雇用她。她便迁到波多黎各，苦练西班牙语。有一次，多米尼亚共和国发生暴乱事件，她想去采访，可通讯社拒绝她的申请，于是她自己凑够旅费飞到那里，采访后将报道卖给电台。

1981 年她被一家纽约电台辞退，无事可做的时候，她有了一个节目构想。虽然很多国家广播公司觉得她的构想不错，但碍于她是女性，所以最终还是放弃了。最后她终于说服了一家公司，受到了雇用，但她只能在政治台主持节目。尽管她对政治不熟，但还是勇敢尝试。1982 年夏，她的节目终于开播。她充分发挥自己的长处，畅谈 7 月 4 日美国国庆对自己的意义，还请观众打来电话互动交流。令人想不到的是，节目很成功，观众非常喜欢她的主持方式，所以她很快成名了。

当别人问她成功的经验时，她发自内心地说：“我被人辞退了18次，本来大有可能被这些遭遇所吓退，做不成我想做的事情。但结果恰恰相反，我让它们鞭策我前进。”

正是这种不屈不挠的性格使莎莉在逆境中避免了一蹶不振、默默无闻的一生，走向了成功。

任何成功的人在达到成功之前，没有不遭遇失败的。爱迪生在经历了一万多次失败后才发明了灯泡，沙克也是在试用了无数介质之后，才培养出小儿麻痹疫苗。

“你应把挫折当作是使你发现你思想的特质，以及你的思想和你明确目标之间关系的测试机会。”如果你真能理解这句话，它就能调整你对逆境的反应，并且能使你继续为目标努力，挫折绝对不等于失败，除非你自己这么认为。

爱默生说过：“我们的力量来自我们的软弱，直到我们被戳、被刺，甚至被伤害到疼痛的程度时，才会唤醒有着神秘力量的愤怒。伟大的人物总是愿意被当成小人物看待，当他坐在占有优势的椅子中时会昏昏睡去，当他被摇醒、被折磨、被击败时，便有机会可以学习一些东西了；此时他必须运用自己的智慧，发挥他的刚毅精神，他会了解事实真相，从他的无知中学习经验，治疗好他的自负精神病。最后，他会调整自己并且学到真正的技巧。”

因此，无论经历怎样的失败和挫折，你都要从精神上去战胜它，别把它当一回事，甩甩手从头再来，成功终究会来临。

第3章

拼尽最后一把力气，不成功也要尽了兴

生命在，希望就在

有一个富翁，在一次生意中亏光了所有的钱，并且欠下了债，他卖掉房子、汽车，还清了债务。

此刻，他孤独一人，无儿无女，穷困潦倒，唯有一只心爱的猎狗和一本书与他相依为命、相依相随。在一个大雪纷飞的夜晚，他来到一座荒僻的村庄，找到一个避风的茅棚。他看到里面有一盏油灯，于是用身上仅存的一根火柴点燃了油灯，拿出书来准备读书。但是一阵风忽然把灯吹灭了，四周立刻漆黑一片。这位孤独的老人陷入黑暗之中，对人生感到痛彻的绝望，他甚至想到了结束自己的生命。但是，身边的猎狗给了他一丝慰藉，他无奈地叹了一口气沉沉睡去。

第二天醒来，他忽然发现心爱的猎狗被人杀死在门外。抚摸着这只相依为命的猎狗，他突然决定要结束自己的生命，世间再没有什么值得留恋的了。于是，他最后扫视了一眼周围的一切。这时，他不由发现整个村庄都沉寂在一片可怕的寂静之中。他不由急步向前，啊，太可怕了，尸体，到处是尸体，一片狼藉。显然，这个村庄昨夜遭到了匪徒的洗劫，连一个活口也没留下来。

看到这可怕的场面，老人不由心念急转：“啊！我是这里唯一幸存的人，我一定要坚强地活下去。”此时，一轮红日冉冉升起，照得四周一片光亮，老人欣慰地想：“我是幸运的人，我没有理由不珍惜自己。虽然我失去了心爱的猎狗，但是，我得到了生命，这才是人生最宝贵的。”

老人怀着坚定的信念，迎着灿烂的太阳出发了。

故事中的老人，在失意甚至绝望时，重新找回了希望，赶走了悲伤。这不能不说是他人生中的一大转折。

联想到我们日常的生活和学习，如果遇到失意或悲伤的事情时，我们一样要学会调整自己的心态。

如果你的演讲、你的考试和你的愿望没有获得成功，如果你曾经尴尬，如果你曾经失足，如果你被训斥和谩骂，请不要耿耿于怀。对这些事念念不忘，不但于事无补，还会占据你的快乐时光。抛弃它吧！把它们彻底赶出你的心灵。

让担忧和焦虑、沉重和自私远离你，更要避免与愚蠢、虚假、错误、虚荣和肤浅为伍，还要勇敢地抵制使你失败的恶习和使你堕落的念头，你会惊奇地发现，你

的人生旅途是多么的轻松、自由，你是多么自信！

走出阴影，沐浴在明媚的阳光中。不管过去的一切多么痛苦、多么顽固，把它们抛到九霄云外。不要让担忧、恐惧、焦虑和遗憾消耗你的精力。把你的精力投入到未来的创造中去吧，要主宰自己，做自己的主人。请记住：生命在，希望就在！

失败了也要昂首挺胸

面对失败，我们是退缩不前，还是鼓起勇气？有这样一则故事，给了我们答案：

巴西足球队第一次赢得世界杯冠军回国时，专机一进入国境，16 架喷气式战斗机立即为之护航，当飞机降落在道加勒机场时，聚集在机场上的欢迎者达 3 万人。从机场到首都广场不到 20 公里的道路上，自动聚集起来的人群超过了 100 万。多么宏大和激动人心的场面！然而前一届的欢迎仪式却是另一番景象。

1954 年，巴西人都认为巴西队能获得世界杯赛冠军。可是，天有不测风云，在半决赛中巴西队却意外地败给法国队，结果那个金灿灿的奖杯没有被带回巴西。球员们悲痛至极。他们想，去迎接球迷的辱骂、嘲笑和汽水瓶吧，足球可是巴西的国魂。

飞机进入巴西领空，他们坐立不安，因为他们的心里清楚，这次回国不知要面临什么样的景象。

可是当飞机降落在首都机场的时候，映入他们眼帘的却是另一种景象。巴西总统和两万名球迷默默地站在机场，他们看到总统和球迷共举一条大横幅，上书：失败了也要昂首挺胸。

队员们见此情景顿时泪流满面。总统和球迷们都没有讲话，他们默默地目送着球员们离开机场。4年后，他们终于捧回了冠军奖杯。

失败并不可怕，可怕的是失败了之后你会消沉下去，一蹶不振。要学会摆脱失败的阴影，在失败面前昂首挺胸。

人生的成功道路上难免会有失败的乌云笼罩。面对失败，想要获得成功的人需与暴雨相随，与狂风对抗，方能攀上自我实现的高峰。那么，为什么一遇到行动上的阻力你便会退缩呢？为什么你的意志力会如此脆弱呢？因为你缺少成功的信念，成功的信念将会使你坚定向前，而无惧于沿途所遭逢的困难，想要获得成功，需与暴雨相随，与狂风对抗——昂首面对失败的挑战。

世界上有无数强者，即使丧失了他们所拥有的一切东西，也不能把他们叫作失败者，因为他们仍然有不可屈服的意志，有着一种坚忍不拔的精神，而这些足以使他们从失败中崛起，走向更伟大的成功。

第二次世界大战刚刚结束的时候，德国到处是一片废墟。有两个美国士兵访问了一家住在地下室的德国居民。离开那里之后，两个人在路上谈起感受。

甲问道："你看他们能重建家园吗？"

乙说："一定能。"

甲就问："为什么回答得这么肯定呢？"

乙反问道："你看到他们在黑暗的地下室的桌子上放着什么吗？"

甲说："一瓶鲜花。"

乙接着说："任何一个民族，如果处于这样困苦的境地，还没有忘记鲜花，那他们就一定能够在这片废墟上重建家园。"

面对苦难和失败，依然摆放鲜花，昂首面对，这样的民族必然会重新崛起。

世间真正伟大的强者，对于所谓的是非成败并不介意，他们能够做到"不以成败论英雄"。这种人无论面对多么大的失败，绝不失去镇静，这样的人终能获得最后的胜利。在狂风暴雨的袭击下，心灵脆弱的人们唯有束手待毙，但这些人的自信、镇静，却依然存在，这种精神使得他们能够克服外在的一切困难，而得以成功。

要想真正战胜失败，关键是要学会昂首挺胸，正视失败，从中吸取教训，下次不再犯同样的错误。

同一个地方被同一块石头绊倒两次，这样的人也不会从失败中把握未来，实现命运的转折。

纵有疾风来，人生不言弃

生活中我们缺少的就是坚持，当希望的事情没有实现之后，就放弃了，伤心，失落，甚至抱怨，觉得命运不公平。可是，只有懂得坚持的人，才能赢得事业上的成功。

我们当中的很多人，不仅自己不努力，反而去嘲笑那些为了梦想而努力的人们，觉得他们的愚蠢。或许有一天，当你再次见到那个曾经被你嘲笑过的人时，会突然间发现他已经成为了一个非常成功的人。就像《士兵突击》中的许三多，他是一个别人眼中的“三呆子”，他很重视每一次机会，即使在别人眼中他永远是一个笨手笨脚的人，一个在起初连正步都走不好的人，他认为自己不是马而是骡子，所以他加倍努力，做什么就和抓住了救命的稻草一样珍惜，最终他超越了当初嘲笑他的许多人。

生活中有无数的挑战，也有无数次与你擦肩而过的机会，有些人视而不见，而另外一些人却牢牢地抓住了它。有时候一次机会就会造就一个人的命运，很多人空有一身本领，却不懂得如何抓住机会，所以一生“怀才不遇”，而一些人虽然不是“学富五车”，但却总走得比别人远，也并非投机取巧，而是他善于抓住不远处的机会，每一次都不错过，所以我们常常会看到这样的现象，一些人并不是很出色但却能走到高处，作出成绩，而那些“才高八斗”的人却总是失意。

不过，机会或时机是难以察觉和捕捉的，它不会自己跑来敲你的门，也不会大喊大叫把你惊醒。它像不经意间掠过你面前的一阵风，又像一条水中的游鱼，似乎抓住了却又从你手中溜走。机会的确是成功的催化剂，成功人士凭借机会可以更快地达到目标。

有一句格言说得好：“幸运之神会光顾世界上的每一个人，但如果她发现这个人并没有准备好要迎接她时，她就会从大门里走进来，然后从窗子里飞出去。”台塑董事长王永庆就是一个善于抓住机遇的人。

1980 年，美国经济陷入低潮，石化工业普遍不景气，关闭、停产的化工厂比比皆是。

经济萧条期间，许多企业家抱着观望的态度，不敢贸然行动，那些濒临倒闭的石化厂虽然亏本出售，却仍无人问津。但是王永庆却发动攻势，以出人意料的低价，买下得克萨斯州休斯敦的一个石化厂。得克萨斯州是美国石油蕴藏量最丰富的一个州，而且油质非常好。

王永庆在那儿筹建全世界规模最大的 PVC 塑胶工厂，年产量 48 万吨。

王永庆在第二年又以迅雷

不及掩耳的速度在美国的路易斯安那州和特拉华州各买下了一个石化厂。

1982年，王永庆更以1950万美元买下了美国JM塑胶管公司的8个PVC下游厂。王永庆的这些大胆举动令同行大为不解，他们用疑惑的目光注视着他，议论纷纷。

可王永庆认为，在经济不景气的时候进行投资，收购或建厂的成本比较低，可增加产品的竞争力；而且，经济景气大都遵循一定的周期规律，有落必有涨，兴建一座现代化工厂约需要一年半到两年时间，在经济不景气时建厂，等到建设结束时，市场又在复苏之中，正好赶上销售良机。

不过经济复苏却花了很长的一段时间，加上收购的工厂出现了一系列的问题，例如石化厂机器老化、设备残旧等等，让他一年时间亏损了800万美元。

不过，王永庆并没有灰心，他通过改制，让工厂的面貌有了彻底改观，生产很快走上了正轨。

经过台塑人的辛勤奋斗，到1983年底，王永庆在美国的PVC厂每年的产量共计达39万吨，加上台塑原有的55万吨生产能力，合计年产量达到94万吨，台塑企业成了世界上产量最大的PVC制造商。

机会对于我们每一个人来说都是来之不易的，哪怕它是多么的微小，都值得一试。只有尝试才会有希望，放弃机会就等于放弃了成功的可能。

只要你不放弃，梦想会一直在原地等你

美国一位哲人曾这样说过："很难说世上有什么做不了的事，因为昨天的梦想，可以是今天的希望，并且还可以是明天的现实。"梦想是什么呢？梦想是对美好未来的向往与追求，它在我们的生命中是不可或缺的。没有泪水的人，他的眼睛是干涸的；没有梦想的人，他的世界是黑暗的。

梦想对一个人是很重要的，一个没有梦想的人，就像断了线的风筝一样，没有任何的方向和依靠，就像大海中迷失了方向的船，永远都靠不了岸。只有梦想可以使我们有希望，只有梦想可以使我们保持充沛的想象力和创造力。要想成功，必须具有梦想，你的梦想决定了你的人生。

一位成功人士回忆他的经历时说："小学六年级的时候，我考试得了第一名，老师送我一本世界地图，我好高兴，跑回家就开始看这本世界地图。很不幸，那天轮到我为家人烧洗澡水。我一边烧水，一边在灶边看地图，看到一张埃及地图，想到埃及很好，埃及有金字塔，有尼罗河，有很多神秘的东西，心想长大以后如果有机会我一定要去埃及。

"我正看得入神的时候，突然有人从浴室冲出来，胖胖的，围一条浴巾，用很大的声音跟我说：'你在干什么？'我抬头一

看，原来是我爸爸。我说：‘我在看地图！’爸爸很生气，说：‘火都熄了，看什么地图！’我说：‘我在看埃及的地图。’我爸爸跑过来‘啪、啪’给我两个耳光，然后说：‘赶快生火！看什么埃及地图！’打完后，踢我屁股一脚，把我踢到火炉旁边去，用很严肃的表情跟我讲：‘我给你保证，你这辈子不可能到那么遥远的地方！赶快生火！’

“我当时看着爸爸，呆住了，心想：‘我爸爸怎么给我这么奇怪的保证，真的吗？我这一生真的不可能去埃及吗？’20年后，我第一次出国就去埃及，我的朋友都问我：‘到埃及干什么？’那时候还没开放观光，出国是很难的。我说：‘因为我的生命不要被保证。’于是我就自己跑到埃及旅行。

“有一天，我坐在金字塔前面的台阶上，买了张明信片寄给我爸爸。我写道：‘亲爱的爸爸：我现在在埃及的金字塔前面给你写信。记得小时候，你打我两个耳光，踢我一脚，保证我不能到这么远的地方来，现在我就坐在这里给你写信。’写

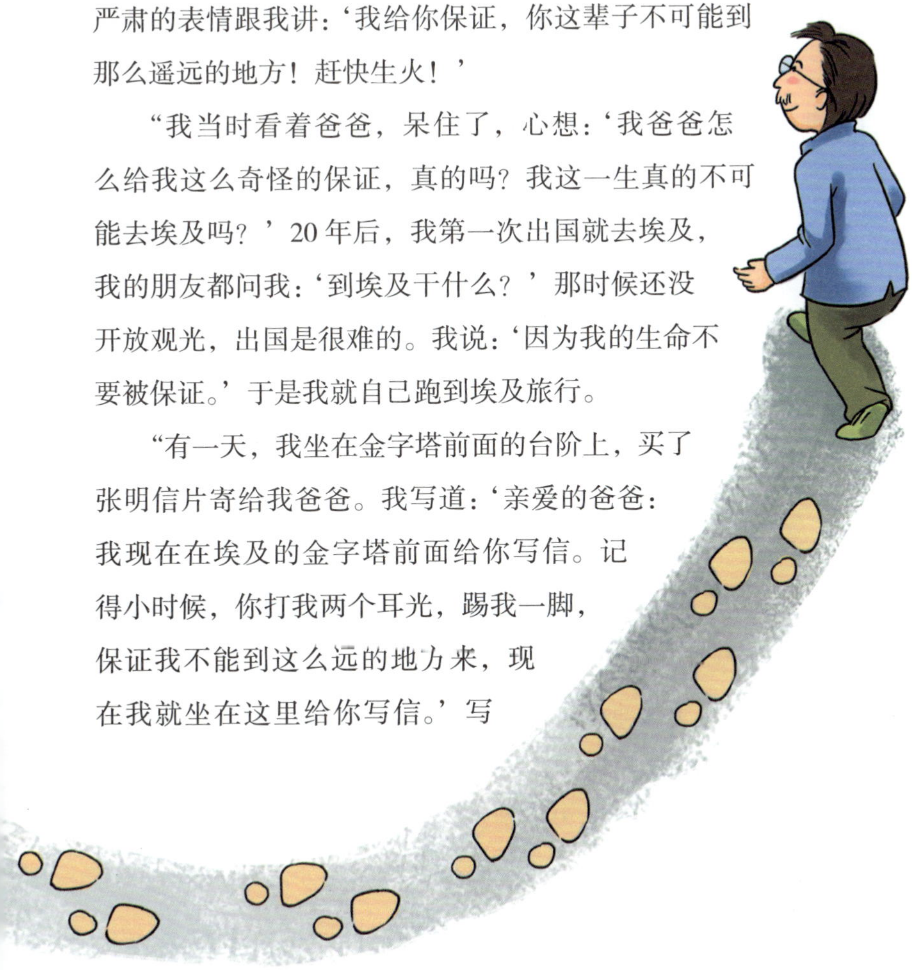

的时候我的感触很深。我爸爸收到明信片时跟我妈妈说：‘哦！这是哪一次打的，怎么那么有效？一脚踢到埃及去了。’”

俄国文学家列夫·托尔斯泰说：“梦想是人生的启明星。没有它，就没有坚定的方向；没有方向，就没有美好的生活。”

梦想能激发人的潜能。心有多大，舞台就有多大。人是有潜力的，当我们抱着必胜的信心去迎接挑战时，我们就会挖掘出连自己都想象不到的潜能。如果没有梦想，潜能就会被埋没，即使有再多的机遇等着我们，我们也可能错失良机。

有了梦想，你还要坚持下去，如果半途而废，那和没有梦想的人也就没有区别了。如果你能够不遗余力地坚持，就没有什么可以阻止你的理想的实现。

梦想是前进的指南针。因为心中有梦想，我们才会执着于脚下的路，坚定自己的方向不回头，不会因为形形色色的诱惑而迷失方向，更不会被前方的险阻而吓退。

每一次经历，都是一种造就

世界上没有任何力量能像信念那样影响我们的生活。人生到底是喜剧收场还是悲剧落幕，是成功辉煌还是黯然神伤，全在于你抱有什么样的信念。一个没有信念的人，就好比少了马达的渡轮，注定要在汪洋中沉没。信念是决定我们潜能发挥程度的关键，有信念在人生之路上为你牵引，无论你身处多么折磨人的环境，你都能克服，最终走出不利局面，迈向成功的道路。

塞尔玛陪伴丈夫驻扎在一个沙漠的陆军基地里，她丈夫奉命到沙漠里去演习，她一人留在基地的小铁皮房子里。天气很热，她没有人可聊天，周围只有墨西哥人和印第安人，而他们不会说英语。她太难过了，于是写信给父母，想要回家去。父亲的回信只有两行：

两个人从牢中的铁窗望出去，

一个看到满地泥泞，一个却看到满天星星。

读完信后，她决定要在沙漠中找到星星。

塞尔玛开始和当地人交朋友，他们的反应使她惊讶不已。她对他们的纺织品、陶器表示兴趣，他们就把最喜欢的、舍不得卖给观光客人的纺织品和陶器送给了她。塞尔玛研究那些让人着迷的沙漠植物，又学习有关土拨鼠的常识。她观看沙漠日落，还寻找海螺壳——这些海螺壳是几万年前，这沙漠还是海洋时留下来的……原来难以忍受的环境变成了令她兴奋、流连忘返的奇景。

沙漠里的星星终于闪光了，名为《快乐的城堡》的书也终于出版了。

山不转，路转；路不转，人转。《圣经》上说："上帝关了这扇窗，必会为你开启另一道门。"消极者会说："我只有看见了才会相信。"而积极者会说："只要我相信我就会看见。"积极者采取行动，消极者静止不动。同样的半杯水，消极者说它只有一半，积极者说它已经满了一半。因为，积极者往杯里倒水，消极者从

杯里取水。

斯图尔特·米尔曾说过："一个有信念的人，所发出的力量，不下于99位心存兴趣的人。"如果你拥有坚定的信念，即使面对荒漠的孤独、寂寞的折磨，你也可以转化不利的环境为有利的环境，就像故事中的主人公一样，写出《快乐的城堡》。

命运只垂青那些一定要赢、一定更好的人

有这样一个故事：

一个诗人听说一个年轻人想跳桥自杀，而他手里拿着的是诗人的诗集《命运扼住了我的喉咙》。诗人听说后，拿了另一本诗集，赶紧冲到桥上。诗人来到桥上，走到年轻人面前。

年轻人见有人上前，便做出欲跳的姿态说道："你不要过来！你不用劝我，我是不会下来的，命运对我太不公平了。"诗人冷冷地说："我不是来劝你的，我是来取回我那本诗集的。"年轻人很疑惑。诗人说："我要将这本诗集撕碎，不再让它毒害别人的思

想，我可以用我手中的这本诗集和你手中的那本交换。”

年轻人犹豫了一会儿，答应了诗人的请求。年轻人接过诗人手上的那本诗集，有点儿吃惊，因为诗人手上的那本诗集的名字和原来那本如此地相似，但又是如此地不同——《我扼住了命运的喉咙》。

诗人接过年轻人手中的那本诗集，对着它凝望了一会儿，便将它撕得粉碎，撕完后，诗人又说道：“当我四肢健全时，我曾多次站在你那里，但当我经历了那场车祸变成残疾后，我便再也没站在那里过。”诗人说完，用深切的目光望着年轻人。年轻人迎着诗人的目光沉思了一会儿，终于从桥上下来了。

很多时候，我们和上面这个年轻人一样，总是被身边的人和事牵绊着、主宰着，把自己的人生交给命运去处理，而忘了自己其实是自己人生的主人，我们的命运和心灵应该由自己做主。

如果说生命是一艘航船，那么我们对舵的把握程度，就决定了我们拥有怎样的人生。一个人

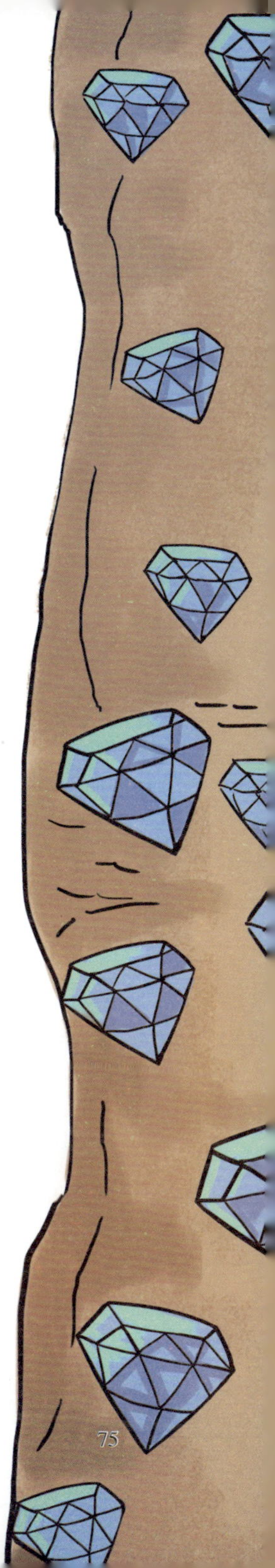

的命运好不好，是自己决定的。敢于主宰和规划人生，奇迹便会不断产生。

世界上的人基本上分为两大类：一种人拥有积极乐观的人生态度，而另外一种人拥有消极悲观的人生态度。不同的人生态度，决定不同的人生结果。

那些积极乐观的人，总是自己掌握自己的命运之舵，从而顺利到达幸福的彼岸；而那些消极悲观的人，总是把自己的命运之舵交给别人，或者依靠所谓的命运之神，结果永远在苦海里挣扎。如果有了积极的心态，又能不断地努力奋斗，那么世上一切事情都有成功的可能。如果既没有积极的心态，又不肯好好去努力，那么将永远和幸福失之交臂。

亨利曾经说过：“我是命运的主人，我主宰我的心灵。”做人应该做自己的主人，应该主宰自己的命运，而不能把自己交付给别人。不能把自己交付给了金钱，成为金钱的奴隶；不能为了权力，成了权力的俘虏；不能经不住生活中各种挫折与困难的考验，把自己交给了上帝；不能经历一次失败后便迷失了自己，向命运低头，从此一蹶不振。

一个不想改变自己命运的人，是可悲的；一个不能靠自己的能力改变命运的人，是不幸的。一个人想获得成功，必定要经过无数的考验，而一个经受不住考验的人是绝对不能干出一番大事的。很多人之所以不能成就大事，关键就在于无法激发挑战命运的勇气和决心，不善于在现实中寻找答案。古今中外的成功者，无不是凭借自己的努力奋斗，掌控命运之舟，在波峰浪谷间破浪扬帆。

每个人都要努力做命运的主人，不能任由命运摆布自己。像莫扎特、凡·高这些历史上的名人都是我们的榜样，他们生前都遭遇过许多挫折，但他们没有屈服于命运，没有向命运低头，而是向命运发起了挑战，最终战胜了命运，成为自己的主人，成了命运的主宰。

总有一个梦想，能在现实中开花

心界决定一个人的世界。只有渴望成功，你才能有成功的机会。

《庄子》开篇的文章是“小大之辩”。说北方有一个大海，海中有一条叫作鲲的大鱼，宽几千里，没有人知道它有多长。鲲化为鸟叫作鹏。它的背像泰山，翅膀像天边的云，飞起来，乘风直上九万里的高空，超绝云气，背负青天，飞往南海。

蝉和斑鸠讥笑说：“我们愿意飞的时候就飞，碰到松树、檀树就停在上边；有时力气不够，飞不到树上，就落在地上，何必要高飞九万里，又何必飞到那遥远的南海呢？”

那些心中有着远大理想的人常常不能为常人所理解，就像目光短浅的麻雀无法理解大鹏鸟的志向，更无法想象大鹏鸟靠什么飞往遥远的南海。因而，像大鹏鸟这样的人必定要比常人忍受更多的艰难曲折，忍受心灵上的寂寞与孤独。因而，他们必须要坚

强，把这种坚强潜移到远大志向中去，这就铸成了坚强的信念。这些信念熔铸而成的理想将带给大鹏一颗伟大的心，而成功者正脱胎于这些伟大的心。

本·侯根是世界上最伟大的高尔夫选手之一。他并没有其他选手那么好的体能，能力上也有一点缺陷，但他在坚毅、决心，特别是追求成功的强烈愿望方面高人一筹。

本·侯根在玩高尔夫球的巅峰时期，不幸遭遇了一场灾难。在一个有雾的早晨，他跟太太维拉丽开车行驶在公路上，当他在一个拐弯处掉头时，突然看到一辆巴士的车灯。本·侯根想这下可惨了，他本能地把身体挡在太太面前保护她。这个举动反而救了他，因为方向盘深深地嵌入了驾驶座。事后他昏迷不醒，过了好几天才脱离险境。医生们认为他的高尔夫生涯从此结束了，甚至断定他若能站起来走路就很幸运了。

但是他们并未将本·侯根的意志与需要考虑进去。他刚能站起来走几步，就渴望恢复健康再上球场。他不停地练习，并增强臂力。起初他还站得不稳，再次回到球场时，也只能在高尔夫球场蹒跚而行。

后来他稍微能工作、走路，就走到高尔夫球场练习。开始只打几球，但是他每次去都比上一次多打几球。最后，当他重新参加比赛时，名次上升得很快。

理由很简单，他有必赢的强烈愿望，他知道他会回到高手之列。是的，普通人跟成功者的差别就在于有无这种强烈的成功愿望。

成功学大师卡耐基曾说："欲望是开拓命运的力量，有了强烈的欲望，就容易成功。"因为成功是努力的结果，而努力又大都产生于强烈的欲望。正因为这样，强烈的创富欲望，便成了成功创富最基本的条件。如果你不想再过贫穷的日子，就要有创富的欲望，并让这种欲望时时刻刻激励你，让你向着这一目标坚持不懈地前进。许多成功者有一个共同的体会，那就是创富的欲望是创造和拥有财富的源泉。

20 世纪人类的一项重大发现，就是认识到思想能够控制行动。你怎样思考，你就会怎样去行动。你要是强烈渴望致富，你就会调动自己的一切能量去创富，使自己的一切行动、情感、个性、才能与创富的欲望相吻合。

对于一些与创富的欲望相冲突的东西，你会竭尽全力去克服；对于有助于创富的东西，你会竭尽全力地去扶植。这样，经过长期努力，你便会成为一个富有者，使创富的愿望变成现实。相反，你要是创富的愿望不强烈，一遇到挫折，便会偃旗息鼓，将创富的愿望压下去。

保持一颗渴望成功的心，你就能获得成功。

可以平凡，不能平庸

平凡与平庸是两种截然不同的生活状态：前者如一颗使用中的螺丝钉，虽不起眼，却真真切切地发挥了作用，实现了价值；后者就像废弃的钉子，身处机器运转之外，无心也无力参与机器的运作。

平凡者纵使渺小却挖掘了自己生命的全部能量，平庸者却甘居无人发现的角落不肯露头。虽无惊天伟绩但物尽其用、人尽其能，这叫平凡；有能力发挥却自掩才华，自甘埋没，这叫平庸。

世间生命多种多样，有天上飞的，有水中游的，有陆上爬的，有山中走的；所有生命，都在时间与空间之流中消逝。生命，总以其多彩多姿的形态展现着各自的意义和价值。

“生命的价值，是以一己之生命，带动无限生命的奋起、活跃”，智慧禅光在众生头顶照耀，生命在闪光中见出灿烂，在平凡中见出真实。所以，所有的生命都应该得到祝福。

"若生命是一朵花就应自然地开放，散发一缕芬芳于人间；若生命是一棵草就应自然地生长，不因是一棵草而自卑自叹；若生命好比一只蝶，何不翩翩飞舞？"梁晓声笔下的生命皆有一份怡然自得、超然洒脱。芸芸众生，既不是翻江倒海的蛟龙，也不是称霸林中的雄狮，我们在苦海里颠簸，在丛林中避险，平凡得像是海中的一滴水、林中的一片叶。海滩上，这一粒沙与那一粒沙的区别你可能看出？旷野里，这一抔黄土和那一抔黄土的差异你是否能道明？

每个生命都很平凡，但每个生命都不卑微，所以，真正的智者不会让自己的生命陨落在无休无止的自怨自艾中，也不会甘于身心的平庸。

你可见过在悬崖峭壁上卓然屹立的松树？

它深深地扎根于岩缝之中，努力舒展着自己的躯干，任凭阳光暴晒，风吹雨打，在残酷的环境中始终保持着昂扬的斗志和积极的姿态。或许，它很平凡，只是一棵树而已，但是它并不平庸，它努力地保持着自己生命的傲然挺立。

有人说："平凡的人虽然不一定能成就一番惊天动地的大事业，但对他自己而言，能在生命过程中把自己点燃，即使自己是根小火柴，只能发出微微星火也就足够了；平庸的人也许是一大捆火药，但他没有找到自己的引线，在忙忙碌碌中消沉下去，变成了一堆废料。"

也许你只是一朵残缺的花，只是一片熬过旱季的叶子，或是一张简单的纸、一块无奇的布，也许你只是时间长河中一个匆匆而逝的过客，不会吸引人们半点的目光和惊叹，但只要你拥有自己的信仰，并将自己的长处发挥到极致，就会成为成功驾驭生活的勇士。

只有输得起的人，才不怕失败

每个人都希望无论何时都站在适合自己的位置，说着该说的话，做着该做的事。但不经过挫折磨炼的人是不可能达到这种境界的，人总要从自己的经历中汲取经验的。所以，做人要输得起。

输不起，是人生最大的失败。

人生犹如战场。我们都知道，战场上的胜利不在于一城一池的得失，而在于谁是最后的胜利者，人生也是如此，成功的人不应只着眼于一两次成败，而是应该不断地朝着成功的目标迈进。当然，一两次的失败确实可能使你血本无归，甚至负债累累。

最要紧的是不应该泄气，而是应该从中吸取教训，用美国股票大亨贺希哈的话讲："不要问我能赢多少，而是问我能输得起多少。"只有输得起的人，才能不怕失败。

当然，我们不一定非要真正经历一次重大的失败，只要我们作好了认识失败的准备，"体验失败"一样能够带来刻骨铭心的教训，而那失败的起点比那些从来没有过失败经历的人要高得多，并且失败越惨痛，起点则越高。

只有惨烈地死过一回的人，才能获得更好的更为成功的新生。

贺希哈 17 岁的时候，开始自己创造事业，他第一次赚大钱，也是第一次得到教训。那时候，他一共只有 255 美元。在股票的场外市场做一名投资客，不到一年，他便发了第一次财：16 万 8 千美元。他替自己买了第一套像样的衣服，在长岛买了一幢房子。

随着第一次世界大战的结束，贺希哈以随着和平而来的大减价，顽固地买下隆雷卡瓦那钢铁公司。结果呢？他说："他们把我剥光了，只留下 4000 美元给我。"贺希哈最喜欢说这种话，"我犯了很多错，一个人如果说不会犯错，他就是在说谎。但是，我如果不犯错，也就没有办法学乖。"这一次，他学到了教训，"除非你了解内情，否则，绝对不要买大减价的东西。"

1942 年，他放弃证券的场外交易，去到未列入证券交易所买卖的股票生意。起先，他和别人合资经营，一年之后，他开设了自己的贺希哈证券公司。到了 1928 年，贺希哈做了股票投资客的经纪人，每个月可赚到 25 万美元的利润。

但是，比他这种赚钱的本事更值得称道的，就是他能够悬崖勒马，遇到不对劲的情况，能悄悄回顾从前的教训。在 1929 年灿烂的春天，正当他想付 50 万美元在纽约的证券交易所买股票，不知道什么原因，把他从悬崖边缘拉回来。贺希哈回忆这件事情说："当你知道医生和牙医都停止看病而去做股票投机生意的时候，一切都完了。我能看得出来。大户买进公共事业的股票，又

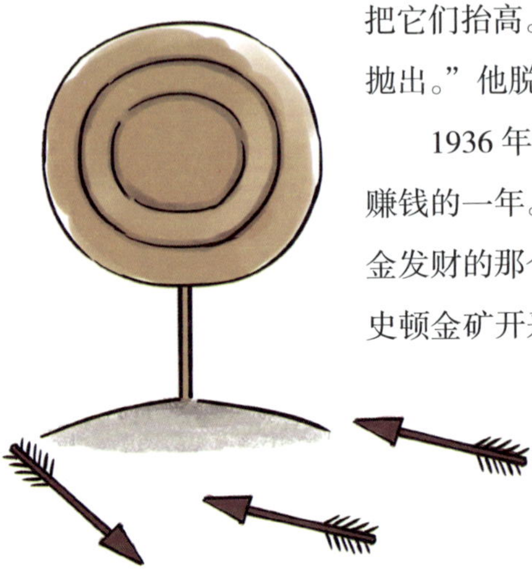

把它们抬高。我害怕了，我在八月全部抛出。”他脱手以后，净得40万美元。

1936年是贺希哈最冒险，也是最赚钱的一年。安大略北方，早在人们淘金发财的那个年代，就成立了一家普莱史顿金矿开采公司。这家公司在一次大火灾中焚毁了全部设备，造成了资金短缺，股票跌到不值5分钱。有一个叫陶格拉斯的地质学家，知道贺希哈是个思维敏捷的人，就把这件事告诉了他。贺希哈听了以后，拿出25000美元做试采计划。不到几个月，黄金掘到了，仅离原来的矿坑25英尺。

普莱史顿股票开始往上爬的时候，海湾街上的大户以为这种股票一定会跌下来，所以纷纷抛出。贺希哈却不断买进，等到他买进普莱史顿大部分股票的时候，这种股票的价格已超过了两马克。

这座金矿，每年毛利达250万美元。贺希哈在他的股票继续上升的时候，把普莱史顿的股票大量卖出，自己留了50万股，这50万股等于他一个钱都没花，白捡来的。

这位手摸到东西便会变成黄金的人，也有他的麻烦。1945年，贺希哈的菲律宾金矿赔了300万，这也使他尝到了另一个教训：

"你到别的国家去闯事业，一定要把一切情况弄清楚。"

20 世纪 40 年代后期，他对铀发生了兴趣，结果证明了比他从前的任何一种事业更吸引他。他研究加拿大寒武纪以前的岩石情况，铀裂变痕迹，也懂得测量放射作用的盖氏计算器。1949 年至 1954 年，他在加拿大巴斯卡湖地区，买下了 470 平方英里蕴藏铀的土地。成为第一家私人资金开采铀矿的公司，不久，他聘请朱宾负责他的矿务技术顾问公司。

这是一个许多人探测过的地区。勘探矿藏的人和地质学家都到这块充满猎物的土地上开采过。大家都注意着盖氏计算器的结果，他们认为只有很少的铀。

朱宾对于这种理论都同意。但是，他注意到了一些看来是无关紧要的"细节"。有一天，他把一块旧的艾戈码矿苗加以试验，看看有没有铀元素。结果，发现稀少得几乎没有。这样，他知道自己已经找到了原因。原来就是，土地表面的雨水、雪和硫矿把这盆地中放射出来的东西不是掩盖住就是冲洗殆尽了。而且，盖氏计算器也曾测量出，这块地底下确实藏有大量的铀。他向十几家矿业公司游说，劝他们做一次钻探。但是，大家都认

为这是徒劳的。朱宾就去找贺希哈。

1953年3月6日开始钻探。贺希哈投资了3万美元。结果，在5月间一个星期六的早晨，得到报告说，56块矿样品里，有50块含有铀。

一个人怎样才会成功，这是很难分析的。但是，在贺希哈身上，我们可以分析出一点因素，那就是他自己定的一个简单公式：输得起才赢得起，输得起才是真英雄！

可以不成功，但一定要成长

人生旅途中，似乎不总是那么一帆风顺、如愿如期，总有一些或多或少的困难与挫折，家家有本难念的经嘛！既然上天给了我们一次锻炼与考验的机会，那我们又何必那么吝啬，畏首畏尾，退避三舍呢？与其在那儿蜷缩手脚、闷闷不乐，倒不如在逆境中顽强拼搏，急流勇退。或许我们能改变现状，毕竟是“山重水复疑无路，柳暗花明又一村”，天无绝人之路。当老天为你关闭这扇窗，必定也为你打开了另一扇窗，只是你缺少睿智的眼睛。

一位父亲很为他的孩子苦恼。因为他的儿子已经十五六岁了，可是一点男子气概都没有。于是，父亲去拜访一位禅师，请他训练自己的孩子。

禅师说：“你把孩子留在我这边，3个月以后，我一定可以把他训练成真正的男人。不过，这3个月里面，你不可以来看他。”

父亲同意了。

3个月后，父亲来接孩子。禅师安排孩子和一个空手道教练进行一场比赛，以展示这3个月的训练成果。

教练一出手，孩子便应声倒地。他站起来继续迎接挑战，但马上又被打倒，他就又站起来……就这样来来回回一共16次。

禅师问父亲："你觉得你孩子的表现够不够男子气概？"

父亲说："我简直羞愧死了！想不到我送他来这里受训3个月，看到的结果是他这么不经打，被人一打就倒。"

禅师说："我很遗憾你只看到表面的胜负。你有没有看到你儿子那种倒下去立刻又站起来的勇气和毅力呢？这才是真正的男子汉气概啊！"

不断地倒下，再不断地爬起，正是在这种磕磕碰碰中我们成长了。故事中男子汉的气概并不是表现在我们跌倒的次数比别人少，而是在于，每次跌倒后，我们都有爬起来再次面对困难的勇气和不达目的誓不罢休的毅力。

每个人都在成长，这种成长是一个不断发展的动态过程。也许你在某种场合和时期达到了一种平衡，而平衡是短暂的，可能瞬间即逝，不断被打破。成长是无止境的，生活中很多东西是难以把握的，但是成长是可以把握的，这是对自己的承诺。也许我们再努力也成为不了刘翔，但我们仍然能享受奔跑。可能会有人妨碍你的成功，却没人能阻止你的成长。换句话说，这一辈子你可以不成功，但是不能不成长。

抑郁症、躁郁症正威胁着现代人，仍有许多人无法坦然面对。但有谁想得到，曾两度夺得香港电影金像奖最佳导演的尔冬升原来也曾受抑郁症的折磨。不过，他就是从那时开始才学会成长，从而一步步走向成熟，拍出了《旺角黑夜》这样成功的电影。

面对激烈的竞争、种种挑战和痛苦，我们唯一能做的就是迅速充实自己，成长起来，只有这样，才不会被困难和挑战击倒。在逆境中学会成长，姑且看成是上天对我们“特别”的关怀，对我们的怜悯与施舍，我们也应做出成绩，做出榜样。在逆境中提升人格的力量，磨砺性格的力量，增强信念的力量，最后交织融合，升华自己生命的力量。

逆境不但不会把人打倒与压跨，反而能让人的潜能最大限度地迸发出来，创造出乎预料的奇迹。张海迪、霍金……他们都是在困难挫折面前，顽强奋发，自力更生，最终战胜磨难，实现了个人的价值。是啊！不经历风雨怎能见彩虹，“不经一番寒彻骨，哪得梅花扑鼻香”。逆境在某种程度上能造就我们的成功。

允许自己犯错，学会在逆境中成长，我们的羽翼会更加丰满，便能飞向天涯海角；我们的心胸会更加宽广，便能容纳百川，吸吮万千；我们的双臂会更加结实与厚重，便能承载千山万水、艰浪险滩。

屡战屡败的死敌是屡败屡战

当塞洛斯·W. 菲尔德从商界引退的时候，他已经积累了大量的财富。而这时他却对在大西洋中铺设海底电缆这一构想产生了极大的兴趣，这样一来欧洲和美洲就能建立电报联系。菲尔德倾其所有来完成这一事业。前期的准备工作包括建造一条从纽约到纽芬兰圣约翰的电话线路，全长 1600 多千米。这其中有 600 多千米需要穿过一片原始森林，为此他们不得不在铺设电话线的同时修建一条穿越纽芬兰的道路。这条线路中还有 220 多千米要通过法国的布列塔尼，建设者们在那儿也投入了大量的人力。与此相同的还有铺设通过圣劳伦斯的电缆。

通过艰苦的努力，菲尔德得到了英国政府对他的公司的援助。但是在国会，他曾经遭到了一个很有影响力的团体的强烈反对，在参议院表决时，菲尔德的方案仅以一票的优势获得通过。英国海军派出了驻塞瓦斯托波尔舰队的旗舰“阿伽门农”号来铺设电缆，而美国则由新建的护卫舰“尼亚加拉”号来承担这一工作。但是由于一次意外，已铺设了 8 千米长的电缆卡在了机器里，被折断了。在第二次实验中，船只驶出 320 千米时，电流突然消失了，人们在甲板上焦急沮丧地来回走动，似乎死期就要来临。正当菲尔德要下令切断电缆的时候，电流就像它消失时那样，突然又神奇地恢复了。接下来的一个晚上，电缆以每小时 9 千米的速度延伸，但由于停船过于突然，船只猛烈地倾斜了一下，电缆又被卡断了。

菲尔德不是一个轻言放弃的人。他重新购买了 1126 千米长的电缆，委托一位精通此行的专家设计一套更好的铺设电缆的机器设备。美国和英国的发明家齐心协力地工作，最后决定从大西

洋中央开始铺设两段电缆。于是两艘船开始分头工作，一艘往爱尔兰，另一艘驶往纽芬兰，每艘船都各自承担一头的铺设工作。大家希望这样能够把两个大陆连接起来。就在两艘船相距 5 千米时，电缆断了。人们重新连上了电缆，但是当两艘船相距 130 千米时，电流又消失了。电缆再次连上了，大约又铺设了 320 千米之后，在距“阿伽门农”号 6 千米处，不幸电缆又断了，“阿伽门农”号随即返回了爱尔兰海岸。

项目负责人都感到非常沮丧，公众开始怀疑，投资商开始退却。如果不是菲尔德不屈不挠、夜以继日、废寝忘食地工作，说服众人，整个工程项目早就被放弃了。终于开始了第三次尝试，这一次成功了，整条电缆线顺利地铺设完成。几个信号在大西洋上传送了将近 1126 千米之后，突然电流中断了。

大家都失去了信心，只有菲尔德和他的一两个朋友仍然对此抱有希望。他们继续坚持工作，并且说服了人们继续投资进行试验。一条崭新的更为高级的电缆由“大东部”号负责铺设。“大东部”号慢慢地驶向大西洋，一边前进一边铺设。一切都进行得很顺利，直到距离纽芬兰 970 千米处，电缆突然折断沉入海底。几次捞起电缆的尝试都失败了，这一项目也因此停顿了将近一年。但是菲尔德并没有被这些困难吓倒，他继续为自己的目标努力。他组建了新公司，并制造了一条当时最为先进的电缆。1866 年 7 月 13 日，试验开始了，这一次他们成功地向纽约传送了信息，全文如下：

无比满足，7 月 27 日。

我们于早上 9 点到达，一切顺利。感谢上帝！电缆铺设成功，运行良好。

塞洛斯 · W. 菲尔德

那条旧的电缆也找到了，重新连接起来，通往纽芬兰。这两条线路现在仍在使用，而且将来也会有用。

第4章

再牛的梦想，也抵不住傻瓜似的坚持

将来的你，一定会感谢现在努力的自己

我们之所以没有成功，很多时候是因为在通往成功的路上，我们没能耐得住寂寞，没有专注于脚下的路。

张艺谋的成功在很大程度上来源于他对电影艺术的诚挚热爱和忘我投入。正如传记作家王斌所说的那样："超常的智慧和敏捷固然是张艺谋成功的主要因素，但惊人的勤奋和刻苦也是他成功的重要条件。"

拍《红高粱》的时候，为了表现剧情的氛围，他亲自带人去种出一块100多亩的高粱地；为了"颠轿"一场戏中轿夫们颠着轿子踏得山道尘土飞扬的镜头，张艺谋硬是让大卡车拉来十几车黄土，用筛子筛细了，撒在路上；在拍《菊

豆》中杨金山溺死在大染池一场戏时，为了给摄影机找一个最好的角度，更是为了照顾老演员的身体，张艺谋自告奋勇地跳进染池充当“替身”，一次不行再来一次，直到摄影师满意为止。

我们如果还在抱怨自己的命运，还在羡慕他人的成功，就需要好好反省自身了。很多时候，你可能就输在对事业的态度上。

1986 年，摄影师出身的张艺谋被吴天明点将出任《老井》一片的男主角。没有任何表演经验的张艺谋接到任务，二话没说就搬到农村去了。

他剃光了头，穿上大腰裤，露出了光脊背。在太行山一个偏僻、贫穷的山村里，他与当地乡亲同吃同住，每天一起上山干活，一起下沟担水。为了使皮肤粗糙、黝黑，他每天中午光着膀子在烈日下曝晒；为了使双手变得粗糙，每次摄制组开会，他不坐板凳，而是学着农民的样子蹲在地上，用沙土搓揉手背；为了电影中的两个短镜头，他打猪食槽子连打了两个月；为了影片中那不足一分钟的背石镜头，张艺谋实实在在地背了两个月的石板，一天三块，每块 150 斤。

在拍摄过程中，张艺谋为了达到逼真的视觉效果，真跌真打，主动受罪。在拍“舍身护井”时，他真跳，摔得浑身酸疼；在拍“村落械斗”时，他真打，打得鼻青脸肿。更有甚者，在拍旺泉和巧英在井下那场戏时，为了找到垂死前那种奄奄一息的感觉，他硬是三天半滴水未沾、粒米未进，连滚带爬地拍完了全部镜头。

在通往成功的道路上，如果你能耐得住寂寞，专注于脚下的路，目的地就在你的前方，只要努力，你一定会走到终点；如果你专注于困难，始终想不到目的地就在离你不远的前方，你永远都走不到终点！

可能在人生旅途中我们会有理想也会有很多目标，但我们从来都不知道会遇到什么困难，所以你努力地朝着终点前进，你在过程中变得更自信更坚强，最终也走到了目的地。但如果你已经预测到了，我们的旅途是何等的艰辛，它困难重重，我们千方百计地去设想、规划每个可能碰到的困难，结果我们在攻克中迷失了方向，在想的过程中目的地已经离我们太远了。

看不清未来，就把握好现在

当我们不具备成功的天赋时，只有脚踏实地，才能让自己站稳脚跟。正如山崖上的松柏，经过无数暴风雪的洗礼，只有坚定地盘固于土地，它们才长成坚固的树干。

一个人若不敢向命运挑战，不敢在生活中开创自己的蓝天，命运给予他的也许仅是一个枯井的地盘，举目所见将只是蛛网和尘埃，充耳所闻的也只是唧唧虫鸣。

所以，成功需要付出，希望需要汗水来实现，人生需要勤奋来铸就。

古今中外，有无数感人肺腑、催人奋进的故事，主人公胸怀大志，尽管他们出身卑微，但他们以顽强的意志、勤奋的精神努力奋斗，锲而不舍，最终获得了成功。林肯就是其中的一位。

幼年时代，林肯住在一所极其简陋的茅草屋里，没有窗户，也没有地板，用当代人的居住标准来看，他简直就是生活在荒郊野外。但是他并没放弃希望，为了希望他流再多的汗水也不会后悔。当时他的住所离学校非常远，一些生活必需品都相当缺乏，更谈不上可供阅读的报纸和书籍了。

然而，就是在这种情况下，他每天还持之以恒地走二三十里路去上学。晚上，他只能靠着木柴燃烧发出的微弱火光来阅读……

众所周知，林肯成长于艰苦的环境中，只受过一年的学校教育，但他努力奋斗、自强不息，最终成为美国历史上最伟大的总统之一。

任何人都要经过不懈努力才可能有所收获。世界上没有机缘巧合这样的事存在，唯有脚踏实地、努力奋斗才能收获美丽的奇迹。

亨利·福特从一所普通的大学毕业之后，便开始四处奔波求职，但均以失败告终。福特没有丧失对生活的希望，他依旧信心十足，自强不息、永不气馁。

为了找一份好工作，他四处奔走。为了拥有一间安静、宽敞的实验室，他和妻子经常搬家。短短的几年时间里，夫妻俩到底搬过几次家连他们自己也说不清了，但他们依旧乐此不疲。因为

每一次搬迁，夫妇俩都有新的收获。贫困和挫折不仅磨炼了福特坚韧的性格，也锻炼了他的耐力和恒心，更使他有机会熟悉社会、了解人生，为未来新的冲刺作好了思想和技术的准备。

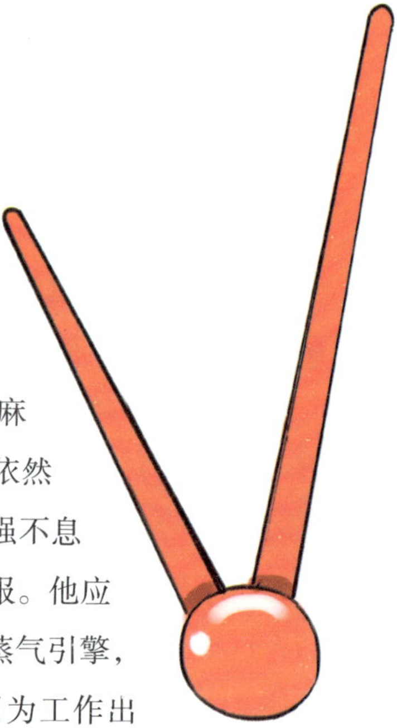

尽管贫困和挫折给他增添了不少的麻烦，但为了理想福特依然勤奋努力着，依然奋力拼搏着。工夫不负有心人，福特自强不息的精神和奋不顾身的打拼终于得到了回报。他应聘到爱迪生照明公司主发电站负责修理蒸气引擎，终于实现了自己的心愿。不久，他又因为工作出色，被提升为主管工程师。

坚定自强不息的信念，让它深深地根植于你的心中，它就会激发你各方面的潜能，使你勇敢面对工作中的一切困难和障碍。

努力把自己的事做得更好，就是一种创造！厨师把菜做得更美味可口，裁缝把衣服做得更美观耐穿，建筑师盖出更舒适的房屋，司机开车更安全，作家努力写出更好的文章，都会为自己带来幸运，同时也为他人带来幸福。

无论是在生活中还是在工作中，都需要我们脚踏实地，时时衡量自己的实力，不断调整自己的方向，一步一步达到自己的目标。

心失衡，世界就会倾斜

我们所拥有的并不是太少，而是欲望太多，一旦陷入欲望的深渊，再强的抵抗能力都会被瓦解。

水中垂着一个钓饵，装的是一块新鲜的虾肉。

一条鲫鱼游过来了。它看了一眼钓饵：真不错，是块美味的东西。可是警惕的鲫鱼是不会轻易上当的，它记得有不少同伴，就是因为贪吃钓饵而断送了性命。因此，它小心翼翼地向这块食物看了又看。

“这准是钓饵，不能吃。”鲫鱼赶紧游开了。

鲫鱼找了半天也找不到其他吃的，过了一会儿，又游回到这个钓饵旁边。

饥饿使它不得不对这块诱人的食物又进行了一番研究和观察。

“不行，绝不能上当！这块东西一定是钓饵。”鲫鱼警告自己，随即又游开了。

鲫鱼游了没多远，心里老记挂着那块鲜美的东西。不一会儿，又游回来了。

它再一次仔细地观察和分析着这块令人垂涎的美味。

“哦，看来似乎没有什么危险吧，让我试它一试。”鲫鱼便用尾巴打了一下钓饵。

钓饵在水中荡了几下，又垂挂在那儿纹丝不动。

“看来没什么问题。”鲫鱼想，“难道就白白放弃这样一块美味可口的东西？那不是太可惜了吗？”

鲫鱼犹豫不决，考虑再三。

“哎哟！肚子这样饿，眼看着这鲜美的食物不吃，可真难受啊！”鲫鱼在钓饵旁边转来转去。“上帝保佑吧！让我冒一次险，仅仅这一次。说不定是我自己过于谨慎了，其实一点危险也没有呢！”

这时候，鲫鱼看见远处有一条鲤鱼向它这儿游过来。

“快，再要迟疑，这美味的东西将是别人腹中之物了！”

说着，鲫鱼扑上去，张开大嘴把那块食物吞了下去。

“哎哟！我的妈……”

钓竿一提，鲫鱼上钩了。

不能抵抗人性弱点的诱导，让精神软化，势必不能主宰自我。鲫鱼终于没有抵抗住美味的诱惑，成为垂钓者的猎物。鲫鱼原本是小心谨慎的，只是因为欲望太盛，才沦为欲望的奴隶。

人常常也是如此，人的私心与贪欲常常使自己重重地跌倒在“欲望”的旋涡里。

事实上，我们所拥有的并不是太少，而是欲望太多。欲望使我们感到不满足、不快乐；欲望解除了我们的思想武装，使我们最终任人摆布。

鱼有水才能自在地优游嬉戏，但是它们忘记自己置身于水；鸟借风力才能自由翱翔，但是它们却不知道自己置身风中。人如果能看清此中道理，就可以超然置身于物欲的诱惑之外，获得人生的乐趣。

不可否认，在诱惑面前，你若能够沉下心来，坦然面对，不忘乎所以，那么你就不会被身外之物所苦，不被身外之物所累，在正确的道路上一往无前。

成功就是坚持，且拒绝浮躁

在我们的心灵深处，总有一种东西使我们茫然不安，让我们无法宁静，这种东西叫浮躁。“浮躁”在字典里解释为：“急躁，不沉稳。”浮躁常常表现为：心浮气躁，心神不宁；自寻烦恼，喜怒无常；见异思迁，盲动冒险；患得患失，不安分守己；这山望着那山高，既要鱼也要熊掌；静不下心来，耐不住寂寞，稍不如意就轻易放弃，从来不肯为一件事倾尽全力。

如果人一旦变得浮躁，就会发现：想成功，却总是被成功拒之门外。

有一个人叫小付，他看到有人要将一块木板钉在树上，便走过去管闲事，想要帮那个人一把。小付对那人说：“你应该先把木板头子锯掉再钉上去。”于是，小付找来锯子，但没锯两三下又撒手了，想把锯子磨快些。

于是他又去找锉刀，接着又发现必须先在锉刀上安一个顺手的手柄。于是，他又去灌木丛中寻找小树，可砍树又得先磨快斧头……

后来人们发现，小付无论学什么都是半途而废。小付从未获得过什么学位，他所受过的教育也始终没有用武之地，但他的祖辈为他留下了一些本钱。他拿出10万元投资办一家煤气厂，可造煤气所需的煤炭价钱昂贵，这使他大为亏本。于是，他以9万元的售价把煤气厂转让出去，开办起煤矿来。可又不走运，因为采矿机械的耗资大得吓人。

因此，小付把在矿里拥有的股份变卖成 8 万元，转入了煤矿机器制造业。从那以后，他便像一个滑冰者，在有关的各种行业中滑进滑出，没完没了。

正如小付困惑的那样，为什么自己付出那么多，终究一事无成呢？答案很简单，小付总是这山望着那山高，急于追求更高的目标，而不是在一个既定的目标上下工夫。要知道，摩天大厦也是从打地基开始的。小付这种浮躁的心态只能导致他最后落个两手空空。

很多人在做事情的时候不能静下心来扎扎实实地从基础开始，总是觉得踏踏实实地做事情的方法很笨，于是做什么事情都求快，想以最小的付出获得最大的利益，浮躁的心态让人不会专注地做一件事情，所以也就很难成功。在人生的牌局中，要想赢牌，浮躁就是最大的敌人。

《士兵突击》中，许三多显然是一个“异类”，他不明白做人做事为什么要如此复杂，一切投机取巧、偷奸耍滑的世故做法，他都做不来，或者根本就没有想过。他有的只是本性的憨厚与刻入骨髓的执着。他做每一件小事都像抓住一根救命稻草一样，投入自己所有的能量和智慧，把事情做到最好，他这样做并不是为了得到旁人的赞赏与关注，只是因为这是有意义的。他面对困难从来不说“放弃”，而是默默地承受，慢慢地解决，毫无抱怨，绝不气馁。当一个又一个问题被他以执着的劲头解决之后，他俨然成长为了一个巨人。他不会面对诱惑放弃忠诚，当老A部队的队长向他发出邀请时，许三多用一句“我是钢七连的第4956个兵”作出了态度鲜明的回答。

“许三多”已成为家喻户晓的人物形象，他被定格为一种沉稳、踏实的文化符号，成为“浮躁”的反义词。毛主席曾经教导我们说：“世界上怕就怕‘认真’二字。”如果我们能安下心来认真做一件事情，就没有做不好的。很多人开始做事情时会满腔热血，但慢慢地这种热情会消退，最后就会被完全放弃。是什么原因让那么多人半途而废呢？是急于求成、不愿直面困难的浮躁心理。

很多人好高骛远，总是急于看到事情的结果，而不能忍受事情完成的过程，当他们觉得这些事情没有意义时，于是选择了放弃。

古往今来，那些成大器者，无不是沉稳、干练、能够耐得住寂寞的人。

浮躁是一种情绪，一种并不可取的生活态度。人浮躁了，会终日处在又忙又烦的应急状态中，脾气会暴躁，神经会紧绷，长久下来，会被生活的急流所挟裹。凡成事者，要心存高远，更要脚踏实地，这个道理并不难懂。

踏实、沉稳，心平气和、不急不躁，抛开浮躁的心态，从身边的小事做起，脚踏实地地坚持，坚忍不拔地努力，我们才有可能达成人生的目标，走到成功的那一步。

自控力越强，离成功越近

传说中，西西里岛附近海域有一座塞壬岛，长着鹰的翅膀的塞壬女妖日日夜夜唱着动人的魔歌引诱过往的船只。在古希腊神话中，特洛伊战争的英雄奥得修斯曾路过塞壬女妖居住的海岛。之前早就听说过女妖善于用美妙的歌声勾人魂魄，而登陆的人总是要死亡。奥得修斯嘱咐同伴们用腊封住耳朵，免得他们被女妖的歌声所诱惑，而他自己却没有塞住耳朵，他想听听女妖的声音到底有多美。为了防止意外发生，他让同伴们把自己绑在桅杆上，并告诉他们千万不要在中途给他松绑，而且他越是央求，他们越要把他绑得更紧。

果然，船行到中途时，奥得修斯看到几个衣着华丽的美女翩翩而来，她们声音如莺歌燕啼，婉转跌宕，动人心弦。听着这美妙的歌声，奥得修斯心中顿时燃起熊熊烈火，他急于奔向她们，大声喊着让同伴们放他下来。但同伴们根本听不见他在说什么，他们仍然在奋力向前划船。有一位叫欧律罗科斯的同伴看到了他的挣扎，知道他此刻正在遭受着诱惑的煎熬，于是走上前，把他绑得更紧。就这样，他们终于顺利通过了女妖居住的海岛。

这是一个很熟悉的故事，不过它正在越来越多地被运用到情商（EQ）上作为自制能力成功的正面范例。似乎有越来越多的例子证明，能够耐得住寂寞的人比较容易成功。哈佛大学心理学家丹尼尔·戈尔曼的《情商》一书，把情绪智力（也称情商）定义为："能认识自己和他人的感觉，自我激励，以及很好地控制自己在人际交往中的情绪的能力。"情商分为五种情绪能力和社会能力：自知、移情、自律、自强和社交技巧。自知，意味着知道自己当前的感受。因为我们整天都忙忙碌碌，所以就无暇顾及反省和自知。一个人的自我形象与其在他人眼中的形象越一致，他的人际关系就越成功。情商的第二个组成部分（移情），能培养我们的同情心和无私精神，并能带来合作。情商的第三部分是控制自己情绪的能力。情商高的人能更好地从人生的挫折和低潮中恢

复过来。第四部分是自强。自强的人能够很好地控制情绪，不靠冲击或刺激就能采取行动。

最后，社交技巧指的是通过与他人友好地交流来掌握人际关系的能力。一个高智商的人，完全可以与一个低智商但有着高水平交往技巧的人很好地合作。

戈尔曼和研究人员针对4岁小孩子成长过程中对诱惑的控制来说明抵制诱惑、强烈自制的重要性，以及和个人成功的关系。调查表明，那些在4岁时能以坚忍换得第二颗软糖的孩子常成为适应性较强、冒险精神较强、比较受人喜欢、比较自信、比较独立的少年；而那些在早年经不起软糖诱惑的孩子则更可能成为孤僻、易受挫、固执的少年，他们往往屈从于压力并逃避挑战。对这些孩子分两级进行学术能力倾向测试的结果表明，那些在软糖实验中坚持时间较长的孩子的平均得分高达210分。研究还发现，那些能够为获得更多的软糖而等待得更久的孩子要比那些缺乏耐心的孩子更容易获得成功，他们的学习成绩要相对好一些。在后来的几十年的跟踪观察中发现，有耐心的孩子在事业上的表现也较为出色。

在一粒芝麻与一个西瓜之间，你一定明白什么是明智的选择。如果某种诱惑能满足你当前的需要，但却会妨碍达到更大的成功或长久的幸福。那就请你屏神静气，站稳立场，耐住寂寞。一个人是这样，一个企业、一个社会也是这样。

辉煌的背后，总有一颗努力拼搏的心

2009 年的春节联欢晚会上，和小品大师赵本山一起合作表演小品《不差钱》的演员“小沈阳”沈鹤，一夜之间红遍中国。他的那几句台词也成为很多人模仿的样本：“人这一生其实可短暂了，有时候一想跟睡觉是一样儿一样儿的。眼睛一闭，一睁，一天过去了，眼睛一闭，不睁，这一辈子就过去了。”“人不能把钱看得太重，钱乃身外之物。人生最痛苦的事情你知道是什么吗？人死了，钱没花了。”

沈鹤靠着春晚迅速蹿红，一时之间全国各大媒体上都会看见小沈阳的影子，不论是赞扬的还是质疑的，但无可厚非的一个事实就是他的表演起码已经被大部分的电视观众所接受。这么快的蹿红对于一个艺人来说是求之不得的事情，但是在光鲜的背后，小沈阳也有着心酸的回忆。

小沈阳家境贫寒，他很早就辍学了。为了将来有口饭吃，他曾经学过武术，但发现不适合自己，最终他选择了二人转，报考了铁岭县剧团。学成之后，他又去了长春小剧场进行表演，这一演就是七年。七年之后，赵本山接纳了他，收他为徒，从此他跟着赵本山认真学艺，直到 2009 年被更多的人认识。

早在 2008 年的时候，沈鹤其实已经“进军”春晚，但是几个回合下来，他的节目被刷下来了。而他的节目本来打算上央视的元宵晚会，但是又临时被取消了，当时的沈鹤这样对自己说，连大艺术家都有被刷下的可能，更何况自己呢？他依旧努力跟师傅赵本山学习二人转，学习表演。直到2009年，他终于踏入春晚的大门。

如今的小沈阳是令人羡慕的，就像有人说的那样，很多人关心的只是我们跑得快不快，而很少有人关心我们跑得累不累。在这一行，如果不出名，那么，便只是一个默默在后面跑台的小角色，不会有人注意你。所以，在每一个出人头地者的背后，不知道隐藏了多少委屈和艰辛的泪水。

香港喜剧大王周星驰也是一样，在成名之前，他自己一个人默默地奋斗着，对于自己追逐的梦想从没想过要放弃。在他的好友梁朝伟已经春风得意的时候，他却在《射雕英雄传》里饰演一个刚一出场就被打死的士兵。他甚至问导演：在死之前伸出手去挡一下可以吗？

他在演艺这条道路上默默地前行、摸索。今天的周星驰已不可同日而语，他算得上是香港电影史上的里程碑，他开创了周氏幽默。凡是讲到香港电影史，一定不能落下周星驰的电影，它是一个时代的标志，是香港喜剧的集大成者。

那些仍然在黑暗中努力拼搏的人们，千万不要丧失了信心，失去前进的动力。任何成功都充满着艰辛，或许，再坚持一会儿，你就会看到前面灿烂的阳光；或许再坚持一会儿，人生就会改变。

许多人做事时非常努力，却坚持不到最后。其实，若心中有梦，总会有实现的那一天，哪怕现在我们仍在黑暗中摸爬滚打，哪怕别人认为我们现在是如何的不起眼，没有关系，只要自己相信自己，付出努力，坚持向着梦想的方向努力，就会让我们心中的幼芽开花、结果。

请一条路走到底

幸运、成功永远只能属于辛劳的人，有恒心不易变动的人，能坚持到底、绝不轻言放弃的人。耐性与恒心是实现目标过程中不可缺少的条件，是发挥潜能的必要因素。耐性、恒心与追求结合之后，形成了百折不挠的巨大力量。

一位青年问著名的小提琴家格拉迪尼："你用了多长时间学琴？"格拉迪尼回答："20年，每天12小时。"

我们在这个大千世界或许微不足道，不为人知，但是我们能够耐心地增长自己的学识和能力，当我们成熟的那一刻、一展所能的那一刻，将会有惊人的成就。正如布尔沃所说的："恒心与忍耐力是征服者的灵魂，它是人类反抗命运、个人反抗世界、灵魂反抗物质的最有力支持。从社会的角度看，考虑到它对社会制度的影响，其重要性无论怎样强调也不为过。"

凡事没有耐性，耐不住寂寞，不能持之以恒，正是很多人最后失败的原因。英国诗人布朗宁写道：

实事求是的人要找一件小事做，

找到事情就去做。

空腹高心的人要找一件大事做，
没有找到则身已故。
实事求是的人做了一件又一件，
不久就做一百件。
空腹高心的人一下要做百万件，
结果一件也未实现。

拥有耐力和恒心，虽然不一定能使我们事事成功，但却绝不会令我们事事失败。古巴比伦富翁拥有恒久的财富秘诀之一，便是保持足够的耐心，坚定发财的意志，所以他才有能力建设自己的家园。任何成就都来源于持久不懈的努力，要把人生看作一场持久的马拉松。整个过程虽然很漫长、很劳累，但在挥洒汗水的时候，我们已经慢慢接近了成功的终点。半路放弃，我们就必须要找到新的起点，那样我们只会更加迷失，可是如果能坚持原路行进，终点不会弃我们而去。也许，我们每个人的心里都有一个执着的愿望，只是一不小心把它丢失在了时间的蹉跎里，让天下间最容易的事变成了最难的事。然

而，天下事最难的不过十分之一，能做成的有十分之九。要想成就大事大业的人，尤其要有恒心来成就它，要以坚忍不拔的毅力、百折不挠的精神、排除纷繁复杂的耐性、坚贞不变的气质，作为涵养恒心的要素，去实现人生的目标。

没有梦想的人生让人无所适从

别人的人生再辉煌，你也感受不到任何光和热，别人的辉煌与自己毫无关联，你所能做的就是耐住寂寞，认准自己的目标，然后一步步地向自己的目标迈进，千万不要被别人的成功晃花了眼。

在 2006 年之前，低调的张茵对于大众而言还是一张很陌生的面孔。一夜间，“胡润富豪榜”将这一当年中国女首富推出水面，这个颇具传奇色彩的商界红颜瞬间成为公众瞩目的焦点。

在美国《财富》杂志“2007 年最有影响力商业女性 50 强”中，她被称为“全球最富有的白手起家的女富豪”！张茵已成为这个时代平民女性的榜样。玖龙造纸有限公司，当这一企业红遍大江南北时，张茵也因此赢得了“废纸大王”的美誉。这个东北姑娘当年的泼辣闯劲至今还留在亲人的脑海里。张茵出生于东北，走出校门后，做过工厂的会计，后在深圳信托公司的一个合资企业里也做过财务工作。1985 年，她曾有过当时看来绝好的机遇：分配住房，年薪 50 万港币……然而，张茵却只身携带 3 万元前往香港创业，在香港的一家贸易公司做包装纸的业务。

一直指导张茵的财富法则就是做事专注而坚定。看准商机就下手，全心全意去做事。对于中国四大发明之一的传统行业——造纸业，张茵情有独钟，倾注了很多的心血：从香港到美国，再到香港，继而把战场转向家乡，扩大到全世界，她的足迹随着纸浆的流动遍布全球。最初入行的张茵以“品质第一”为本，坚决不往纸浆里面掺水，因而触犯同行的利益吃尽了苦头，她曾接到黑社会的恐吓电话，也曾被合伙人欺骗。从未退缩的张茵凭借豪爽与公道逐渐赢得了同行的信任，废纸商贩都愿意把废纸卖给她，尽管她的粤语说得不好，但是诚信之下，沟通不是问题。

6 年时间很快过去，赶上香港经济蓬勃时期的张茵不但站稳了脚跟，而且还在完成资本积累的同时，把目光投向了美国市场。因为有了在香港积累的丰富创业实践经验和一定资本，加之美国银行的支持，1990 年起，张茵的中南控股（造纸原料公司）成为美国最大的造纸原料出口商，美国中南有限公司先后在美建起了 7 家打包厂和运输企业，其业务遍及美国、欧亚各地，在美国各行各业的出口货柜中数量排名第一。

成为美国废纸回收大王后，独具慧眼的张茵有了新的想法：做中国的废纸回收大王！ 1995 年，玖龙纸业在广东东莞投建。12 年后的今天，玖龙纸业产能已近 700 万吨，成为一家市值 300 多亿港元的国际化上市公司……

从张茵的身上，我们看到了她的专注与坚定。无论做什么事，都全身心地投入。只要全心全意想要做好一件事，无论遇到什么困难与挫折，只要沉着应对，都可以化险为夷。

有人说，挡住人前进步伐的不是贫穷或者困苦的生活环境，而是内心对自己的怀疑。但是，如果一个人内心里始终装着自己的目标，并且能够耐得住寂寞，静下心来学着为自己的目标积累能量，坚定不移地为实现自己的目标而努力，那么即使他贫穷到买不起一本书，仍然可以通过借阅来获得知识。

人若是耐不住寂寞，老是眼红别人的成就，则不免会产生愤懑之心，看不惯别人取得的成就，要么悲叹命运之苦，要么控诉社会不公，这样一来，难免会让自己陷入负面情绪当中，而影响了自己的前程。

只有坚信成功，才有机会成功

1883 年，富有创造精神的工程师约翰罗布林雄心勃勃地意欲着手建造一座横跨曼哈顿和布鲁克林的桥。然而桥梁专家却说这计划纯属天方夜谭，不如趁早放弃。罗布林的儿子华盛顿，是一个很有前途的工程师，也确信这座大桥可以建成。父子俩克服了种种困难，在构思着建桥方案的同时也说服了银行家们投资该项目。

然而桥开工几个月，施工现场就发生了灾难性的事故。罗布林在事故中不幸身亡，华盛顿的大脑也严重受伤。许多人都以为这项工程因此会泡汤，因为只有罗布林父子才知道如何把大桥建成。

尽管华盛顿丧失了活动和说话的能力，但他的思维还同以往一样敏锐，他决心坚持要把父子俩费了很多心血的大桥建成。一天，他脑中忽然一闪，想出一种用他唯一能动的一个手指和别人交流的方式。他用那只手敲击他妻子的手臂，通过这种密码方式由妻子把他的设计意图转达给仍在建桥的工程师们。整整 13 年，华盛顿就这样坚持着用一根手指指挥工程，直到雄伟壮观的布鲁克林大桥最终落成。

无独有偶，博迪是法国的一名记者，在 1995 年的时候，他突然心脏病发作，导致四肢瘫痪，而且丧失了说话的能力。被病魔袭击后的博迪躺在医院的病床上，头脑清醒，但是全身的器官中，只有左眼还可以活动。可是，他并没有被病魔打倒，虽然口不能言，手不能写，他还是决心要把自己在病倒前就开始构思的

作品完成并出版。出版商便派了一个叫门迪宝的笔录员来做他的助手，每天工作 6 小时，给他的著述做笔录。

博迪只会眨眼，所以就只有通过眨动左眼与门迪宝来沟通，逐个字母逐个字母地向门迪宝背出他的腹稿，然后由门迪宝抄录出来。门迪宝每一次都要按顺序把法语的常用字母读出来，让博迪来选择，如果博迪眨一次眼，就说明字母是正确的。如果眨两次，则表示字母不对。

由于博迪是靠记忆来判断词语的，因此有时可能出现错误，有时他又要滤去记忆中多余的词语。开始时他和门迪宝并不习惯这样的沟通方式，所以中间也产生不少障碍和问题。刚开始合作时，他们两个每天用 6 个小时默录词语，每天只能录一页，后来慢慢加到 3 页。

几个月之后，他们经历艰辛终于完成这部著作。据粗略估计，为了写这本书，博迪共眨了左眼 20 多万次。这本不平凡的书有 150 页，已经出版，它的名字叫《潜水衣与蝴蝶》。

在很多时候，我们看似都缺少成功的条件，在困难面前停滞不前，似乎看不到成功的条件和未来。其实缺少成功的条件不要紧，因为条件是可以创造的。如果我们主动去创造了条件，成功就指日可待。

如果你缺少成功的条件，请记住：逆境不是你不成功的理由。

第5章

你一直在等，所以一事无成

说一千句不如行动一次

人生要想成功，就要一点一滴地奠定基础。先给自己设定一个切实可行的目标，确实达到之后，再迈向更高的目标。

那就别再瞻前顾后地等待了，现在就动手，马上行动吧！

有个农夫新购置了一块农田。可他发现在农田的中央有一块大石头。

“为什么不把它搬走呢？”农夫问卖主。

“哦，它太大了。”卖主为难地回答说。

农夫二话没说，立即找来一根铁棍，撬开石头的一端，意外地发现这块石头的厚度还不及一尺，农夫只花了一点点时间，就将石头搬离了农田。

也许，在一开始的时候，你会觉得坚持“马上行动”这种态度很不容易，但最终你会发现这种态度会成为你个人价值的一部分。而当你体验到他人的肯定给你的工作和生活所带来的帮助时，你就会坚持不懈地运用这种态度。

人都会走入误区，一提到成功就想到开工厂、做生意。这一想法如不突破，就抓不住许多在他看来不可能的新机遇。

真正想一想，成功与失败、富有与贫穷只是因为当初的一念之差。很多有钱人当初带几千元杀进股市，几年后便成了百万富翁，当初只花几百元去摆地摊，10 年后就变成了大老板。可是有人说，如果我当初做会比他们赚得更多。不错，你的能力比他强，你的资金比他多，你的经验或许比他足。可是这就是当初一念之差，你的观念决定了你当初不去做，不去做的观念决定了你10 年后的今天还是个穷人。不同的观念导致了不同的人生。

有人面对一个来之不易的好机会总是拿不定主意，于是去问其他人，问了 10 个人有 9 个人说不能做，于是放弃了。

其实你不知道机遇来源于新生事物，而新生事物之所以新就是因为 90% 的人还不知道、不了解，等 90% 的人知道了就不再是新生事物。就拿这个好机会来说，你问10个人，很可能10个人都摇头，但再过一段时间，这10个人点头时，这个市场就已经开始饱和了！多数人不了解时叫“机会”；多数人都认可时叫“行业”。

第一批下海经商的人——富了，第一批买原始股的人——富了，第一批买地皮的人——富了。他们富了，因为他们敢于在大多数人还在犹豫不决的时候就做出了实际行动。先行一步，抢得商机，占领了市场。今天，这也是新生事物，在很多人还不了解的时候，你开始行动，便抢得了商机，占领了市场的制高点。不要再等下去了，要想改变现状，就马上行动，你就会获得成功。

贫不可怕，可怕的是贫而无志

有些人生于贫困之家，有些人生在富贵豪门，这是先天的差距，贫困的孩子必须付出双倍的努力，才能获得成功。这是每一个被贫困困扰着的心灵所不得不面对的现实。

但，我们必须坚信这样一句话：“你可以贫困，但不能贫困一生。”人处在贫困的环境之中，更应该奋发上进，努力去追求成功，这样的成功也更弥足珍贵。

美国前总统亨利·威尔逊出生在一个贫苦的家庭，当他还在摇篮里牙牙学语的时候，贫穷就已经冲击着这个家庭了。威尔逊10岁的时候就离开了家，在外面当了11年的学徒工。这其间，他每年只能有一个月时间到学校去接受教育。

在经过11年的艰辛工作之后，他终于得到了一头牛和六只绵羊作为报酬。他把它们换成了84美元。他知道钱来得很难，所以绝不浪费，他从来没有在玩乐上花过一块钱，每个美分都要精打细算才花出去。

在他21岁之前，他已经设法读了1000本书——这对一个农场里的学徒来说，是多么艰巨的任务呀！在离开农场之后，他徒步到150公里之外的马塞诸塞州的内蒂克去学习皮匠手艺。他风尘仆仆地经过了波士顿，在那里他看了邦克希尔纪念碑和其他历史名胜。整个旅行他只花了1美元6美分。

他在度过了21岁生日后的第一个月，就带着一队人马进入了人迹罕至的大森林，在那里采伐原木。威尔逊每天都是在东方刚刚翻起鱼肚白之前起床，然后就一直辛勤地工作到星星出来为止。在一个月夜以继日的辛劳努力之后，他获得了6美元的报酬。

在这样的穷途困境中，威尔逊下定决心，不让任何一个发展自我、提升自我的机会溜走。很少有人像他一样深刻地理解闲暇时光的价值，他像抓住黄金一样紧紧地抓住了零星的时间，不让一分一秒无所作为地从指缝间白白流走。

12年之后，这个在穷困中长大的孩子在政界脱颖而出，进入了国会，开始了他的政治生涯。

出身贫困并不可怕，只要像威尔逊那样面对困境不抱怨不低头，勤奋自强，就能获得成功。很多在贫困中长大的人往往自甘堕落，他们认为自己此生命该如此，再怎么奋斗也是徒劳，于是只能一生受穷，惶惶度日，更有一些人因心理极端不平衡而走上犯罪之路。

生命的贫富从某种意义上来说只能由你自己来决定，身处贫困若能不被贫困所累，奋发向上，积极奋斗，照样可以有一个富

足的人生；相反，如果自甘堕落，即使生在富豪之家，也可能在中年以后坠入贫困之中。

能不能突破贫困的瓶颈，关键还要看你自己。

改变很难，不改变会一直很难

人的生命历程就像海浪一样，总是在高低起伏中前进。在前进的途中，有时我们会碰到一道又一道难以翻越的坎。这些坎就是我们人生的瓶颈，卡在这个瓶颈中，我们会有种既上不去又下不来的感觉。

如果卡在那里的时间过长，恐怕我们的斗志将会被慢慢磨灭，甚至最后自我放弃。所以，我们要不断超越自己，突破我们人生的瓶颈。

20 世纪 80 年代，百事可乐公司异军突起，使可口可乐公司遭到了强有力的挑战。为了扭转不利的竞争局面，塞吉诺·扎曼临危受命——经营可口可乐公司。

扎曼采取的策略是更换可口可乐的旧模式，标之以“新可口可乐”，并对其进行大肆宣传。但在新的营销策略中，扎曼犯了一个严重错误，他将老可口可乐的酸味变成甜味，没有考虑到顾客口味的不可变性，这就违背了顾客长久以来形成的习惯。结果，新可口可乐全线溃败，成为继美国著名的艾德塞汽车失利以来最具灾难性的新产品，以致 79 天后，“老可口可乐”就不得不重返柜台支撑局面——改名为“古典可乐”。

扎曼策略性的失败对他在公司的地位造成了巨大的负面影响，不久，他就在四面的攻击声中黯然离职。在扎曼离开可口可乐公司后的14个月中，他非常愧疚，没有同公司中的任何人交谈过。

对于那段不愉快的日子，他回忆道："那时候我真是孤独啊！"但是扎曼没有丧失希望，放弃自我。

世上没有永远的失败，失败只不过是成功人生的其中一个步骤而已，经历人生的瓶颈只是一时的，人生如果没有经历过挫折，那就不会享受到真正的成功，成功其实就是一连串失败的结果。对于扎曼来说就是这样。

在扎曼经过了一年多的瓶颈期后，他和另一个合伙人开办了一家咨询公司。他就用一台电脑、一部电话和一部传真机，在亚特兰大一间被他戏称之为"扎曼市场"的地下室里，为微软公司和酿酒机械集团这样的著名公司提供咨询。后来，扎曼为微软公司、米勒·布鲁因公司为代表的一大批客户成功地策划了一个又一个发展战略。

最后，扎曼在咨询领域成绩斐然，此时可口可乐也来向他咨询，并请他回来整顿公司工作，可口可乐公司总裁罗伯特也承认："我们因为不能容忍扎曼犯下的错误而丧失了竞争力，其实，一个人只要运动就难免有摔跟头的时候。"

是啊，人生难免摔跟头，一时的失意并不可怕，只要不失去希望、失去志向，就能突破人生的瓶颈，赢得属于自己的一片天空。历史上许多伟人，许多成功者，都有过失意的时候，而他们都能够做到失意而不失志，都能做到胜不骄，败不馁。

蒲松龄一生梦想为官，可最终也没能如意，但他是幸运的，因为他能及时反省，能及时调转人生的航向，找到他人生的另一片天空，这才有《聊斋志异》的流芳百世，他的大名也永载史册。

司马迁因李陵一案而官场失意，可他没有被打垮，不屈不挠的精神反而成就了他“史家之绝唱，无韵之《离骚》”的传世经典之作。

美国伟大的总统林肯一生经历了无数失败和困苦，但他最终还是得到了成功女神的垂青，成为美国历史上与华盛顿齐名的伟人。试想，如果他不能坚持到最后，每一次失败都将有可能把他的未来之路堵死。

成功学家拿破仑·希尔认为：“不管如何失败，都只不过是不断茁壮发展过程中的一幕。”

一位哲人也说过：“成功是由若干步骤组成的，人生低谷只是其中的某个步骤而已，如果在那里停止了前进的脚步，那将是非常愚蠢的。”

所以，面对人生的瓶颈，我们要坚定自己的志向，永远怀着希望与信念，以毫不妥协的精神突破这些瓶颈，走出人生的低谷。

每一个幸运的现在，都有一个努力的曾经

荀子说过：“不积跬步，无以至千里；不积小流，无以成江海。骐骥一跃，不能十步；驽马十驾，功在不舍。锲而舍之，朽木不折；锲而不舍，金石可镂。”每天都努力，人生几十年坚持天天如此，量变必然引起质变，所积累的力量必定是不可估量的。坚持是一种伟大的力量，正是这种力量让他们笑到了最后。

北魏节闵帝元恭，是献文帝拓跋弘的侄子。孝明帝当政时，元义专权，肆行杀戮，元恭虽然担任常侍、给事黄门侍郎，却总担心有一天大祸临头，便索性装病不出来了。那时候，他一直住在龙华寺，和朝中任何人都不来往。他潜心研究经学，到处为善布施，就这样装哑巴装了将近十二年。

孝庄帝永安末年，有人告发他不能说话是假，心怀叵测是真，而且老百姓中间流传着他住的那个地方有天子之气。孝庄帝听说这个消息之后，就派人把他捉到了京师。在朝堂上，孝庄帝当面询问元恭有关民间传说之事，元恭依然装聋作哑，而且态度十分谦卑。

最后，孝庄帝认定他根本不会有所作为，只不过想安享晚年而已，于是就又放了他。

到了北魏永安三年十月，尔朱兆立长广王元晔为帝，杀了孝庄帝。那时，坐镇洛阳的是尔朱世隆。他觉得元晔世系疏远，声

望又不怎么高，便打算另立元恭为帝。更有知情人告诉他元恭只是装成哑巴，为的就是躲过仇人的追杀，如此胸襟和智慧非一般人所有。尔朱世隆于是暗访元恭，得知他常有善举，为人随和而且学识渊博，在当地深得人心。

不久，元恭即位当了皇帝。

人生多舛，世事艰难。那些成功者并不一定都拥有好运气，但是他们必定都是从逆境中拼搏而站起来的。这就是说，人生少不了逆境，少不了坎坷，少不了挫折。而成就往往就是在逆境中低调积聚力量的结果，只有那些不断磨炼自己的人才能取得成功，才能突破人生的逆境，忍受人生的挫折，走过人生的坎坷。

低调处世可以追求自己内心的境界，这何尝不是一种成功。并不一定要有多大的野心，内心世界的升华也是一种境界。战国的庄子，东晋的陶渊明，他们能够舍弃繁华生活，追求一种内心的沉静和智慧，谁又能说他们不成功呢？在物欲充斥的环境中，这种从心底里寻求低调生活的人往往无欲则刚。

保持一种低调的姿态，不断积聚力量的人必定会是笑到最后的人。低调之人不会引人嫉妒，也不会引人非议。或者出于局势所迫，或者天性使然，懂得低调中积聚力量的人一定会有所作为。

要想收获，就得先付出

有个人在沙漠里穿行，已经连续几天没喝水了。他饥渴难耐，马上就要支撑不住了，突然发现在前面一株巨大的仙人掌下面有一个压水井。

他欣喜若狂，马上走了过去。看见压水井上面放着一瓶水，他嗓子都要冒烟了，不管三七二十一拿起瓶子准备喝水，发现水井上有块醒目的警告牌子，他忍住干渴，只见牌子上写着这样一些字：

这里距离沙漠的尽头，最近的距离是100英里。

如果你现在将这瓶水喝完，虽然能暂时解除你的干渴，但是你绝对不可能走出沙漠。

如果你将瓶子里的水倒入压水泵，引出井里的水，那么你就能畅饮清凉洁净的井水，使你能平安走出这片沙漠。最后，享用完了别忘了为别人装满一瓶水。

这个人心想：幸好我看了警告，不然后果……然后他将瓶子中的水倒入水泵中，喝足了清凉的井水，安全走出了这片沙漠。

在取得之前，要先学会付出。只有懂得付出，才能引出生命之水，助你安然走过人生的沙漠。种瓜得瓜，种豆得豆。春种一粒粟，秋收万颗子。没有付出，却想不劳而获，就同妄想天上掉馅饼一样。

一位从南方来的乞丐与一位从北方来的乞丐在路上相遇。南方乞丐惊愕地说道："你多么像我，我也多么像你，你的神情、服装、举止，甚至那个碗，都和我的简直一模一样。"

北方乞丐也兴奋地嚷着："我觉得在遥远的过去，似乎早就与你相识了。"这两位乞丐被彼此吸引，他们渐渐地爱上了对方。于是，他们不再去天涯海角流浪讨饭，彼此只想依偎在一起。

南方乞丐问："我们已经在一起了，你还拿着碗乞求什么？"

北方乞丐说："这还需要问吗？当然是乞求你的爱。我知道你是爱我的，除了我之外，还有谁跟我一样与你有这么多相同点呢？"

北方乞丐继续说道："亲爱的，将你碗里满满的爱，倒在我的空碗里吧，让我感受你无比的温暖。"

南方乞丐回答说："我端的也是空碗，难道你没瞧见吗？我也祈求你的爱倒入我的空碗，让我的空碗满满的都是你的爱。"

"我的碗是空的，又怎么给你呢？"北方乞丐一脸狐疑。

南方乞丐也说："我的碗难道是满的吗？"

两个乞丐互相乞讨，都期望对方能给自己一些什么，可是一直到最后，任何一方都没有得到对方的爱。

他们渐渐累了，各自叹息之后，走回自己原本的路，继续向其他人乞讨。

在期待别人的付出前，你要先学会付出。爱是相互的。建立在对对方予取予求基础上的爱，就像沙滩上的城堡，指望它能经得起海浪的洗礼是不明智的；因为事实告诉我们，只有靠双方真诚付出，才能使我们的城堡建立在坚实的岩石上，我们爱的城堡才可以在风雨中屹立不倒。

所以，要想得到一些东西，你就必须得付出一些东西，付出多少，你就能得到多少。俗话说，一分耕耘，一分收获。当然，你不必刻意地追求回报，它总是会自己悄悄到来的。

机会不是等来的，要靠自己争取

俗话说："酒香不怕巷子深。"这话只适合过去，如今是酒香也怕巷子深。一个人无论才能如何出众，如果不善于把握，那他就得不到伯乐的青睐。所以人的才能需要自我表现，而且自我表现时必须主动、大胆。如果你自己不去主动地表现，或者不敢大胆地表现自己，你的才能就永远不会被别人知道。在电影《飘》中扮演女主角郝斯佳的费雯·丽，在出演该片前只是一位名不见经传的小演员。她之所以能够因此而一举成名，就是因为大胆地抓住了自我表现的良好机遇。

当《飘》已经开拍时，女主角的人选还没有最后确定。毕业于英国皇家戏剧学院的费雯·丽当即决定争取出演郝斯佳这一十分诱人的角色。

可是，此时的费雯·丽还默默无闻，没有什么名气。怎样才能让导演知道我就是郝斯佳的最佳人选呢？这个问题成为她思考解决的一大关键。

经过一番深思熟虑后，费雯·丽决定毛遂自荐，方法是自我表现。一天晚上，刚拍完《飘》的外景，制片人大卫又愁眉不展了。突然，他看见一男一女走上楼梯，男的他认识，那女的是谁呢？只见她一手扶着男主角的扮演者，一手按住帽子，居然把自己扮成了郝斯佳的形象。

大卫正在纳闷儿时，突然听见男主角大喊一声："喂！请看郝斯佳！"大卫一下子惊住了："天呀！真是踏破铁鞋无觅处，得来全不费工夫。这不就是活脱脱的郝斯佳吗？！"

费雯·丽被选中了。

毋庸置疑，你的表现得到认可之时，就是机遇来临之日。请你务必记住一点：知道和了解你才能的人越多，你的机遇也就会越多。

当然，很多人或许不会像费雯·丽那样仅靠一次表现就一举获得成功。所以，我们必须有耐心和恒心。在一个人面前表现不行，就在更多的人面前表现；在一个地方表现无效，就在其他地方进行表现。当你表现多了，被发现、被赏识的可能性就会大大增加。

汉代名士东方朔，诙谐多智。他刚入长安时，向汉武帝上书，竟用了三千片木椟，公车令派两个人去抬，才勉强能抬起来。汉武帝用了两个月才把它读完。这在当时也堪称是“吉尼斯世界之最”了。在奏章中，东方朔自许甚高，称：“臣年二十二，长九尺三寸，目若悬珠，齿如编贝，勇若孟贲，捷若庆忌，廉若鲍叔，信若尾生。若此，可以为天子大臣矣。”皇帝果然被此打动，但转念一想，又觉言过其实，始终未予重用。

东方朔并不死心，另辟蹊径。当时，与东方朔并列为郎的侍臣中，有不少是侏儒。东方朔就吓唬他们，说皇帝认为他们没用，要全部杀死他们。侏儒们吓坏了，诉于皇帝，皇帝便诏问东方朔为何要吓唬他们。东方朔说：“那些侏儒长得不过三尺，俸禄是一口袋米，二百四十个铜钱。我东方朔身长九尺有余，俸禄也是一口袋米，二百四十个铜钱。侏儒饱得要死，我却饿得要死。陛下要觉得我有用，请在待遇上有所差别；如果不想用我，可罢免我，那我也用不着在长安城要饭吃了。”皇帝听了大笑，因此让他待诏金马门（即古代宦署的大门），待他比以前亲近了许多。

有时候，沉默谦逊确实是一种“此时无声胜有声”的制胜利器，但无论如何你也不要处处把它当作金科玉律来信奉。在种种竞争中，你要将沉默、踏实、肯干、谦逊的美德和善于“秀”自己结合起来，才能更好地让别人赏识你。

在逆境中抱怨，等于遗弃幸运

人在一生中，随时都会碰到困难和险境，如果我们仅仅盯着这些困难，看到的只会是绝望。在人生路途上，谁都会遭遇逆境，逆境是生活的一部分。逆境充满荆棘，却也蕴藏着成功的机遇。只要勇敢面对，就一定能从布满荆棘的路途中走出一条阳光大道。

正如培根所说："奇迹多是在厄运中出现的。"其实，我们不应该在逆境中抱怨，因为抱怨逆境无疑是在遗弃幸运。想成为一名生活中强者，就要勇敢地向逆境宣战，像一名真正的水手那样投入生命的浪潮。

道本连自己的名字都不会写，却在大阪的一所中学当了几十年的校工。尽管工资不多，但他已经很满足命运为他所安排的一切。就在他快要退休时，新上任的校长以他"连字都不认识，却在校园工作，太不可思议了"为由，将他辞退了。

道本恋恋不舍地离开了校园，像往常一样，他去为自己的晚餐买半磅香肠，但快到食品店门前时，他想起食品店已经关门多日了。而不巧的是，附近街区竟然没有第二家卖香肠的。忽然，一个念头在他脑海里闪过——为什么我不开一家专卖香肠的小店呢？他很快拿出自己仅有的一点积蓄开了一家食品店，专门卖起香肠来。

因为道本灵活多变的经营，十年后，他成了一家熟食加工公司的总裁，他的香肠连锁店遍及了大阪的大街小巷，并且是产、供、销“一条龙”服务，颇有名气的道本香肠制作技术学校也应运而生。

当年辞退他的校长早已忘了道本这一位曾经的校工，在得知著名的董事长识字不多时，便十分敬佩地称赞他：“道本先生，您没有受过正规的学校教育，却拥有如此成功的事业，实在是太不可思议了。”

道本诚恳地回答：“真感谢您当初辞退了我，让我摔了跟头，从那之后我才认识到自己还能干更多的事情。否则，我现在肯定还是一位靠一点退休金过日子的校工。”

正如道本一样，成功者首先是从逆境中崛起的。逆境可以锻炼一个人的品格，也可以激发一个人向上发展的勇气和潜力。在逆境中，当被逼得退无可退、无路可走时，人们往往在最后的时刻想尽办法来自救，无形之中反而促成了人生的辉煌。所以，我们应该感谢逆境和难题，感谢其中所孕育的成功。

任何人都会或多或少遇到或大或小的坎坷颠簸，都有不顺的时候，这是很正常的，无须悲伤，无须抱怨，更不能绝望。世上没有绝望的处境，只有对处境绝望的人。只要勇敢面对，世界上没有过不去的坎。

在我们陷入逆境时，一味地埋怨和诅咒是无济于事的，那只会让我们变得更加沮丧而觉得无望。与其苦苦等待，不如点燃自

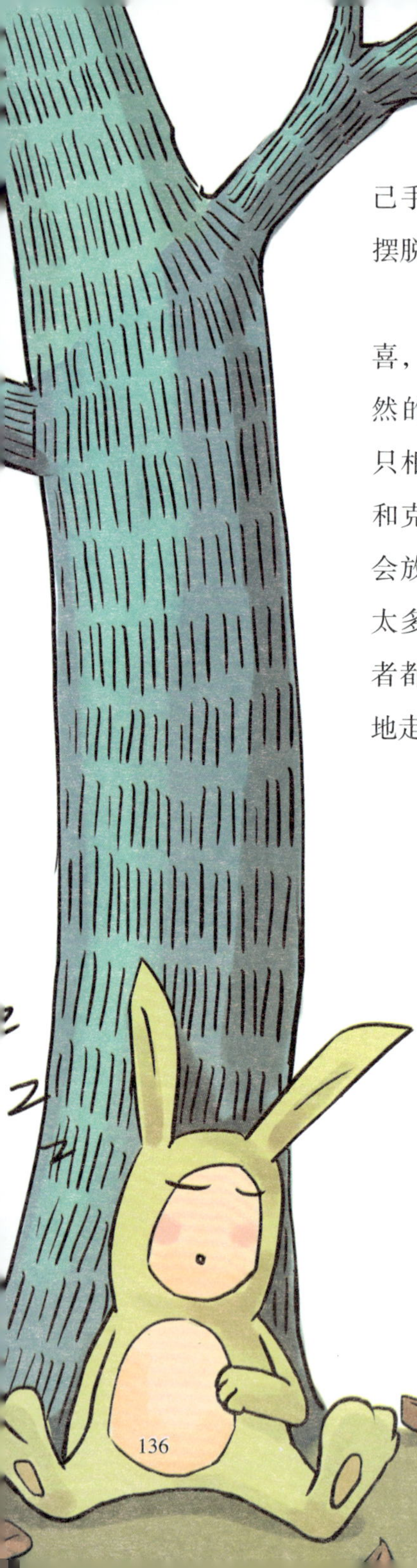

己手中仅有的“火种”和希望，去战胜黑暗，摆脱困境，为自己创造一个光明的前程。

在灰色的逆境中，不要让冷酷的命运窃喜，命运既然来凌辱我们，就应该用处之泰然的态度予以报复。命运从来不相信抱怨，只相信抗争命运的人。强者的生活就是面对和克服那些像潮流一样涌来的困难，他们不会放过“往上爬”的机会，因为他们经历了太多的逆境。在现实中，我们看到许多成功者都来自于不利的环境，但他们总能够勇敢地走出来。

坚忍的乌龟快过睡觉的兔子

“登泰山而小天下”，这是成功者的境界，如果达不到这个高度，就不会有这个视野。但是，若想到达这种境界亦非易事，人们从岱庙前起步上山，进中天门，入南天门，上十八盘，登玉皇顶，这一步步拾级而上，起初倒觉轻松，但愈到上面便愈感艰难。十八盘的陡峭与险峻曾使无数登山客望而却步。

游人只有努力向前，才能登上泰山山顶，体验杜甫当年“一览众山小”的酣畅意境。

许多人盼望长命百岁，却不理解生命的意义；许多人渴求事业成功，却不愿持之以恒地努力。其实，人的生命是由许许多多的“现在”累积而成的，人只有珍惜“现在”，不懈奋斗，才能使生命焕发光彩，事业获得成功。

要成功，最忌“一日曝之，十日寒之”，“三天打鱼，两天晒网”。数学家陈景润为了求证哥德巴赫猜想，用过的稿纸几乎可以装满一个小房间；作家姚雪垠为了写成长篇历史小说《李自成》，竟耗费了40年的心血，大量的事实告诉我们，无论你多么聪明，成功都是在踏实中，一步一步、一年一年积累起来的。

莎士比亚说：“斧头虽小，但多次砍劈，终能将一棵挺拔的大树砍倒。”

想“一夜成名”“一夜暴富”的人，不扎扎实实地长期努力，而是想靠侥幸一举成功。比如投资赚钱，不是先从小生意做起，

慢慢积累资金和经验，再把生意做大，而是如赌徒一般，借钱做大投资、大生意，结果往往惨败。有的人并没有认真研究网络经济市场，也没有认真考虑它的巨大风险，只觉得这是一个发财成名的“大馅饼”，一口吞下去，最后没撑多久，草草倒闭，白白“烧”掉了许多钞票。

俗话说：“滚石不生苔。”“坚持不懈的乌龟能快过灵巧敏捷的野兔。”如果能每天学习一小时，并坚持12年，所学到的东西，一定远比坐在学校里混日子的人所学到的多。

人类迄今为止，还不曾有一项重大的成就不是凭借坚持不懈的精神而实现的。

大发明家爱迪生也如是说：“我从来不做投机取巧的事情。我的发明除了照相术，也没有一项是由于幸运之神的光顾。一旦我下定决心，知道我应该往哪个方向努力，我就会勇往直前，一遍一遍地试验，直到产生最终的结果。”

要成功，就要强迫自己一件一件地去做，并从最困难的事做起。有一个美国作家在编辑《西方名作》一书时，应约撰写102篇文章。这项工作花了他两年半的时间。加上其他一些工作，他每周都要工作整整7天。他没有从最容易阐述的文章入手，而是给自己定下一个规矩：严格地按照字母顺序进行，绝不允许跳过任何一个自感费解的观点。另外，他始终坚持每天都首先完成困难较大的工作，再干其他的事。事实证明，这样做是行之有效的。

一个人如果要成功，就应该学习这些成功者的经验，从小事做起，坚持下去，总有一天你会看到成功的阳光。

没有方向，什么风都是逆风

人之一生，背负的东西太多太多。皆因人生中有时我们拥有的太多太乱，我们的心思太复杂，我们的负荷太沉重，我们的烦恼太无绪，诱惑我们的事物太多，大大地妨碍我们，无形而深刻地损害我们。生命如舟，载不动太多的欲望，怎样使之在抵达彼岸时不在中途搁浅或沉没？我们是否该选择放下，丢掉一些不必要的包袱，那样我们的旅程也许会多一些从容与安康。

明白自己真正想要的东西是什么，并为之而奋斗，如此才不枉费这仅有一次的人生。英国哲学家伯兰特·罗素说过，动物只要吃得饱，不生病，便会觉得快乐了。人也该如此，但有一些人并不是这样。很多人忙碌于追逐事业上的成功而无暇顾及自己的生活。他们在永不停息的奔忙中忘记了生活的真正目的，忘记了什么是自己真正想要的。这样的人只会看到生活的繁琐与牵绊，而看不到生活的简单和快乐。

我们的人生要有所获得，就不能让诱惑自己的东西太多，不能让努力的方向过于分叉。我们要简化自己的人生，要学会有所放弃，要学习经常否定自己，把自己生活中和内心里的一些东西断然放弃掉。

仔细想想你的生活中有哪些诱惑因素，是什么一直干扰着你，让你的心灵不能安宁，又是什么让你坚持得太累，是什么在阻止着你的快乐。把这些让你不快乐的包袱通通扔弃。只有放弃我们人生田地和花园里的这些杂草害虫，我们才有机会同真正有益于自己的人和事亲近，才会获得适合自己的东西。我们才能在人生的土地上播下良种，致力于有价值的耕种，最终收获丰硕的粮食，在人生的花园采摘到鲜丽的花朵。

所以，仔细想想你在生活中真正想要什么？认真检查一下自己肩上的背负，看看有多少是我们实际上并不需要的，这个问题看起来很简单，但是意义深刻，它对成功目标的制订至关重要。

要得到生活中想要的一切，当然要靠努力和行动。但是，在开始行动之前，一定要清楚，什么才是自己真正想要的。要打发时间并不难，随便找点儿什么活动就可以应付，但是，如果这些活动的意义不是你设计的本意，那你的生活就失去了真正的意义。你能否提高自己的生活品质，并且使自己满足、有所成就，完全看你自己真正要的是什么，然后努力实现它。

很多人都不知道自己真正想要什么，因为我们不曾花时间来思考这个问题。面对五光十色的世界和各种各样的选择我们更不知所措，所以我们会不假思索地接受别人的期望来定义个人的需要和成功，社会标准变得比我们自己特有的需求还要重要。

我们总是太在意别人的看法，以致我们下意识地接受了别人强加于我们的种种动机，结果，努力过后才发现自己的需求一样都没能满足。甚至不仅别人的意见影响着我们的欲望，我们自己

的欲望本身也是变化莫测的。它们因为潜在的需要而形成，又因为不可知的力量日新月异。我们经常得到过去十分想要的，而现在却不再需要的东西。

如果有什么原因使我们总是得不到自己想要得到的东西的话，这个原因就是你并不清楚自己到底想什么。在你决定自己想要什么、需要什么之前，不要轻易下结论，一定要先作一番心灵探索，真正地了解自己，把握自己的目标。只有这样，你才能在生活中满意地前进。

第6章

以信念为灯塔，不惧远航

日子难过，更要认真地过

当你埋怨被苦日子折磨时，你是否想过，其实这境遇只是由于你不认真对待生活造成的呢？日子难过，更要认真地过。有个学者说过：“人生的棋局，只有到了死亡才会结束，只要生命还存在，就有挽回棋局的可能。”

生活拮据，日子难过，大部分人的生活都过得很辛苦。但是，在你埋怨苦日子折磨人的时候，不妨仔细想想，在这些难过的日子当中，你认真生活了几天？

地铁上，两个年纪 40 岁左右的女人在说话，一个说：“这日子真的是没法过下去了，我真是再也受不了了。他居然跟我说要把房子卖了，你想想，把房子卖了我们住到哪里去啊？没想到跟了他这么多年，现在居然落到这样的地步。”

另一个说：“那不行啊，就算是把房子卖了，这样下去也是坐吃山空，还是要想办法让他出去工作才行。”

“谁说不是呢？！可是他要是肯听我的就好了。现在他什么朋友都没有，什么人也不愿意见，整天待在家里，孩子也怕他，他随时都会发火，我都烦死了。这样的日子难过死了。”

“唉……”

原来这个家里的男主人，下岗了之后也找过几个工作，但做了一段时间都不成功，意志愈加消沉。于是女主人对他越来越不满意，家里开始硝烟弥漫，大吵小吵没有断过。

家里就女主人一个人上班以维持家用，她心里也着急，可是又不知道用什么方法来让老公重振旗鼓。男主人于是提出把房子卖了租房子住，于是又展开了新一轮的战争。

人生就是这样：苦多于乐！

美国教育学家乔治·桑塔亚纳说：“人生既不是一幅美景，也不是一席盛宴，而是一场苦难。”我们每个人来到这世界那一天，没有人会给我们一本生活指南，教我们如何应付命运多舛的人生。也许青春时期的你曾经期待长大成人以后，人生会像一场热闹的派对，但在现实世界经历了几年风雨后，你会幡然醒悟，人生的道路原来布满荆棘。

无论你是老是少，都请不要奢望生活一帆风顺，因为你会发现大家的日子都会遇到困难。再怎么才华横溢、家财万贯，照样会面临挫折、困顿。人人都要经历压力和痛苦，而且难保不会遇上疾病、天灾、意外、死亡及其他意外，谁都无法做到完全免疫，就算成功人士也会承认这是个需要辛苦打拼的世界。精神分析学家荣格主张：人类需要逆境，逆境是迈向身心健康的必要条件。他认为遭遇困境能帮助我们获得完整的人格与健全的心灵。

人的一生总有许多波折，要是你觉得事事如意，大概是误闯了某条单行道。

美国作家诺瑞丝拥有一套轻松面对生活的法则：人生比你想象中好过，只要接受困难、量力而为、咬紧牙关就过去了。你跨出的每一步，都能助你完成学习之旅。面临生活考验时，耐力越高，通过的考验也越多。所以要放松心情，靠意志力和自信心渡过难关。

保持积极的人生观，可以帮助你了解逆境其实很少危害生命，只会引起不同程度的愤慨，何况一定的压力也有好处。舒适安逸的生活无法带给人快乐与满足，人生若是少了有待克服的障碍、有待解决的问题、有待追求的目标、有待完成的使命，便毫无成就感可言了。

人生是一场学习的过程，接二连三的打击则是最好的生活导师。享乐与顺境无法锻炼人格，逆境却可以。一旦征服了难关，遇到再糟的情况也不会惊慌。人生有甘也有苦，物质环境的优劣与生活困厄的程度毫无瓜葛，重要的是我们对环境采取何种反应。接受好花不常开的事实，日子会优哉许多。记住这句话：人生苦多于乐，不必太在乎。

最困难之时，就是离成功不远之日

遇到不幸时，不要总是习惯于把自己放在一个弱者的地位上，等待着别人的同情，然后等着别人来拯救你，这样的话，只会让你一直处于遭人唾弃、鄙视的地位不能翻身。只有自强自立，把不幸当作一次机遇，你才能走出不幸的泥潭。

别林斯基说："不幸是一所最好的大学。"自知者明，自强者胜。自强者可以征服山，就是跋山涉水也在所不惜；弱者就是面对一张薄纸，也不愿伸手戳破，去达到自己的目的。谁的一生都有挫折，自强者自然把挫折当锻炼，戏之笑之，淡然视之，强者自强；而弱者把挫折当大山，多是惧之怕之，闭目待之，终是弱者更弱。调整你的心态，把不幸当作机遇，你就能战胜不幸，取得成功。

加拿大第一位连任两届总理的让·克雷蒂安小的时候，说话口吃，曾因疾病导致左脸局部麻痹，嘴角畸形，讲话时嘴巴总是向一边歪，而且还有一只耳朵失聪。

听一位有名的医学专家说，嘴里含着小石子讲话可以矫正口吃，克雷蒂安就整日在嘴里含着一块小石子练习讲话，以致嘴巴和舌头都被石子磨烂了。母亲看后心疼得直流眼泪，她抱着儿子说："克雷蒂安，不要练了，妈妈会一辈子陪着你。"克雷蒂安一边替妈妈擦着眼泪，一边坚强地说：“妈妈，听说每一只漂亮的蝴蝶，都是自己冲破束缚它的茧之后才变成的。我一定要讲好话，做一只漂亮的蝴蝶。”

工夫不负有心人，经过长久的磨炼，克雷蒂安终于能够流利地讲话了。他勤奋、善良，中学毕业时，他不仅取得了优异的成绩，而且还获得了极好的人缘。

1993 年 10 月，克雷蒂安参加全国总理大选时，他的对手大力攻击、嘲笑他的脸部缺陷，对手曾极不道德、带有人格侮辱地说：“你们要这样的人来当你们的总理吗？”然而，对手的这种恶意攻击招致大部分选民的愤怒和谴责。当人们知道克雷蒂安的成长经历后，都给予他极大的同情和尊敬。在竞争演说中，克雷蒂安诚恳地对选民说：“我要带领国家和人民成为一只美丽的蝴蝶。”最后他以极高的票数当选为加拿大总理，并在 1997 年成功地获得连任，被加拿大人民亲切地称为“蝴蝶总理”。

人不能因为不幸的来临而畏缩不前，轻言放弃。而应该把它当作一次机遇，抓住它，发挥它的积极作用，你就可以获得不幸给予你的馈赠。

开启宝藏之门的钥匙就在自己的手中，轻言放弃，这些宝藏就永无见天之日。也许你现在并不如意，但永远不能放弃的是成功的决心和斗志，更为关键的是你能不能正确地意识到什么是自己最擅长的，尽管因为现实的某些原因处于困境之中，但总要设法找到自己的宝藏，并努力去开采它。

成功人士都是不惧怕困境的，他们总是把一次次不幸当作一次次机遇。面对长期的困境，他们或默默耕耘，或摇旗呐喊。他们凭着一种打不垮的意志，一腔无所畏惧的勇气，振作精神，发奋苦干，以图早日突破困境的牢笼。目不二视，耳不二听，手不二事。全神贯注于你所期望的目标，你就一定能够如愿以偿。如果你是个缺乏耐性、不能坚持，做什么事都半途而废，要别人替你收拾残局的人，你应当在行动之前细心思索，不可贸然开始工作，免得骑虎难下。“水滴石穿，绳锯木断”，水和石比，绳和木比，硬度显然相差太远，然而只要你不轻言放弃，把不幸当作机遇看待，全力做好一件事，天长日久，石头也会被水滴穿，木头也会被绳锯断。人做事也是这样，只要全神贯注地做一件事，就可以把事情做得比较完美，甚至做到完美无缺。

心若向阳，无谓悲伤

人的潜力是惊人的，很多时候，你认为你承受不了的事，往往却能够不费气力地承受下来，人生没有承受不了的事，相信你自己。

你还在为即将到来或正发生在自己身上的不幸而担忧吗？其实，这些困难并不像你想象的那样可怕。只要你勇敢面对，你就能够承受得了。等你适应了那样的不幸以后，你就可以从不幸中找到幸运的种子了。

帕克在一家汽车公司上班。很不幸，一次机器故障导致他的右眼被击伤，抢救后还是没有能保住，医生摘除了他的右眼球。

帕克原本是一个十分乐观的人，但现在却成了一个沉默寡言的人。他害怕上街，因为总是有那么多人看他的眼睛。

他的休假一次次被延长，妻子艾丽丝担起了家庭的所有重担，而且她在晚上又兼了一个职。她很在乎这个家，她爱着自己的丈夫，想让全家过得和以前一样。艾丽丝认为丈夫心中的阴影总会消除的，那只是时间问题。

但糟糕的是，帕克的另一只眼睛的视力也受到了影响。在一个阳光灿烂的早晨，帕克问妻子谁在院子里踢球时，艾丽丝惊讶地看着丈夫和正在踢球的儿子。在以前，儿子即使到更远的地方，他也能看到。艾丽丝什么也没有说，只是走近丈夫，轻轻地抱住他的头。

帕克说："亲爱的，我知道以后会发生什么，我已经意识到了。"

艾丽丝的泪就流下来了。

其实，艾丽丝早就知道这种后果，只是她怕丈夫受不了打击而要求医生不要告诉他。帕克知道自己要失明后，反而镇静多了，连艾丽丝自己也感到奇怪。艾丽丝知道帕克能见到光明的日子已经不多了，她想为丈夫留下点什么。她每天把自己和儿子打扮得漂漂亮亮，还经常去美容院。在帕克面前，不论她心里多么悲伤，她总是努力微笑。

几个月后，帕克说："艾丽丝，我发现你新买的套裙那么旧了！"

艾丽丝说："是吗？"

她奔到一个他看不到的角落，低声哭了。她那件套裙的颜色在太阳底下绚丽夺目。她想，还能为丈夫留下什么呢？

第二天，家里来了一个油漆匠，艾丽丝想把家具和墙壁粉刷一遍，让帕克的心中永远有一个新家。

油漆匠工作很认真，一边

干活还一边吹着口哨。干了一个星期，终于把所有的家具和墙壁刷好了，他也知道了帕克的情况。

油漆匠对帕克说：“对不起，我干得很慢。”

帕克说：“你天天那么开心，我也为此感到高兴。”

算工钱的时候，油漆匠少算了100元。

艾丽丝和帕克说：“你少算了工钱。”

油漆匠说：“我已经多拿了，一个等待失明的人还那么平静，你告诉了我什么叫勇气。”

但帕克却坚持要多给油漆匠100元，帕克说：“我也知道了原来残疾人也可以自食其力，并生活得很快乐。”

油漆匠只有一只手。

哀莫大于心死，只要自己还持有一颗乐观、充满希望的心，身体的残缺又有什么影响呢？要学会享受生活，只要还有生活的勇气，那么你的人生仍然是五彩缤纷的。

人的潜力是无穷的，世界上没有任何事情能够将人的心完全压制。只要相信自己，人生就没有承受不了的事。至于受老板的责骂、受客户的折磨这种小事，你还会在乎吗？

在逆风中远航

挫折是弱者的绊脚石，却是强者成功的起点。要想成功，就必须做生命的强者。

连遭厄运的人应当牢记：不论在生活中碰到怎样的厄运，都不意味着你命里注定永无出头之日。只要你顺势而为，运气时时都会光临，不间断地连遭厄运毕竟比较少见。生活中的机遇并非一成不变，它们像脉冲一样有起有伏、有得有失。每当人们坐在一起相互安慰时总是说黑暗过后必有黎明，这才是隐匿在生活中的真谛。一个生命的强者，会把各种挫折和厄运当作一个新的起点。

只要一个人全力以赴、奋斗不息，与背运的屠刀拼死相搏，时运终究会逆转，他终究会抵达安全的彼岸。莎士比亚说："与其责难机遇，不如责难自己。"这就是人生的基本课程。我们只要仔细回顾一下生活中坏运变为好运的大量实例，就会发现，挫折和厄运仅仅是强者成功的起点罢了。

在某个地方有一家农户，其户主被称为那个地方最慈善的人。每年牧师都会到他家访问，而每次他都毫不吝惜地捐献财物。

这个农夫经营着一块很大的农田。可是有一年，先是受到风暴的袭击，整个果园被破坏了。

随后，又遇上一阵传染病，他饲养的牛、羊、马全部死光了。债主们蜂拥而至，几乎把他所有的财产都抢走了。最后，他只剩下一块小小的土地。

这位农夫的太太却对丈夫说："我们时常为教师建造学校，维持教堂，为穷人和老人捐献钱，今年拿不出钱来捐献，实在遗憾。"

今年，牧师如期而至。夫妇俩觉得让牧师空跑一趟，于心不安，便决定把最后剩下的那块地卖掉一半，捐献给牧师。牧师非常惊讶，在这样的状况下，还能收到他们的捐款。

有一天，农夫在剩下的半块土地上犁地，耕牛突然滑倒了，他手忙脚乱地扶起耕牛时，却在牛脚下挖出个宝物。他把宝物卖了之后，又可以和过去一样经营果园农田了。

第二年，牧师再次来到这里，他以为这个农夫还和以前一样贫穷，所以又找到这块地上来。

附近的人告诉他们："他已经不住在这里了，前面那所高大的房子，就是他的家。"

牧师走进大房子，农夫向他说明了自己在这一年所发生的事，并总结道：只要不惧怕困难，并保持感恩的心，必定会赢得一切的。

这位农夫的经历告诉我们，面对挫折，绝不能害怕、胆怯。去做那些你害怕的事情，害怕自然会消失。狼如果因为遭遇过挫折而胆怯害怕，这个种群就不可能继续生存下去。

人生如行船，有顺风顺水的时候，自然也有逆风大浪的时候。这就要看掌舵的船夫是不是高明了，高明的船夫会巧妙地利用逆风，将逆风也作为行船的动力。

人生、事业的发展也一样。如果你能始终以一种积极的心态去对待你人生中可能遇到的"逆风大浪"，并对其加以合理的利用，将被动转化为主动，那么，你就是人生征途上高明的舵手。

有信念的人，命运永远不会辜负

我们常把信念看成是一些信条，以为它只能在口中说说而已。但是从最基本的观点来看，信念是一种指导原则和信仰，让我们明了人生的意义和方向；信念像一张早已安置好的滤网，过滤我们所看到的世界；信念也像脑子的指挥中枢，指挥我们的脑子，照着我们所相信的，去看事情的变化。

斯图尔特·米尔曾说过："一个有信念的人，所发出来的力量，不下于99位仅心存兴趣的人。"这也就是为何信念能开启卓越之门的缘故。

若能好好控制信念，它就能发挥极大的力量，开创美好的未来。

可以说，信念是一切奇迹的萌发点。

在诺曼·卡曾斯所写的《病理的解剖》一书中，说了一则关于20世纪最伟大的大提琴家之一——卡萨尔斯的故事。这是一则关于信念和更新的故事，你我都会从中得到启示。

他们会面的日子，恰在卡萨尔斯90大寿前不久。卡曾斯说，他实在不忍看那老人所过的日子。他是那么衰老，加上严重的关节炎，不得不让人协助穿衣服。呼吸很费劲，看得出患有肺气肿；走起路来颤颤巍巍，头不时地往前颠；双手有些肿胀，十根手指像鹰爪般地勾曲着。从外表看来，他实在是老态龙钟。

就在吃早餐前，他走近钢琴，那是他最擅长的几种乐器之一。他很吃力地坐上钢琴凳，颤抖地把那勾曲肿胀的手指放到琴键上。

霎时，神奇的事发生了。卡萨尔斯突然像完全变了个人似的，显出飞扬的神采，而身体也开始活动并弹奏起来，仿佛是一位神采飞扬的钢琴家。卡曾斯描述说：“他的手指缓缓地舒展移向琴键，好像迎向阳光的树枝嫩芽，他的背脊直挺挺的，呼吸也似乎顺畅起来。”弹奏钢琴的念头完完全全地改变了他的心理和生理状态。当他弹奏巴赫的《钢琴平均律》一曲时，是那么纯熟灵巧，丝丝入扣。随之他奏起勃拉姆斯的协奏曲，手指在琴键上像游鱼一样轻快地滑着。“他整个身子像被音乐融解，”卡曾斯写道，“不再僵直和佝偻，代之的是柔软和优雅，不再为关节炎所苦。”

在他演奏完毕，离座而起时，跟他当初就座弹奏时全然不同。他站得更挺，看起来更高，走起路来双脚也不再拖着地。他飞快地走向餐桌，大口地吃着饭，然后走出家门，漫步在海滩的清风中。

这就是信念的力量，一个有着坚强信念的人，即使衰老和病魔也不能打败他。用信念支撑你的行动，就能健步向前，拥有一个充实的人生。

绝望时，希望也在等你

苦难能毁掉弱者，同样也能造就强者。因此，在任何时候都不要放弃希望。

罗勃特·史蒂文森说过：“不论担子有多重，每个人都能支持到夜晚的来临；不论工作多么辛苦，每个人都能做完一天的工作，每个人都能很甜美、很有耐心、很可爱、很纯洁地活到太阳下山，这就是生命的真谛。”确实如此，唯有流着眼泪吞咽面包的人才能理解人生的真谛。因为苦难是孕育智慧的摇篮，它不仅能磨炼人的意志，而且能净化人的灵魂。如果没有那些坎坷和挫折，人绝不会有这么丰富的内心世界。

有些人一遇挫折就灰心丧气、意志消沉，甚至用死来躲避厄运的打击，这是弱者的表现。可以说生比死更需要勇气，死只需要一时的勇气，生则需要一世的勇气。每个人的一生中都可能有消沉的时候，居里夫人曾两次想过自杀；奥斯特洛夫斯基也曾用手枪对准过自己的脑袋，但他们最终都以顽强的意志面对生活，并获得了巨大的成功。可见，一时的消沉并不可怕，可怕的是在消沉中不能自拔。

做一个生命的强者，就要在任何时候都不放弃希望，我们最终会等到转机来临的那一天。

城市被围，情况危急。守城的将军派一名士兵去河对岸的另一座城市求援，假如救兵在明天中午赶不回来，这座城市就将沦陷。

整整两个时辰过去了，这名士兵才来到河边的渡口。

平时渡口这里会有几只木船摆渡，但是由于兵荒马乱，船夫全都避难去了。

本来他是可以游泳过去的，但是现在数九寒天，河水太冷，河面太宽，而敌人的追兵随时可能出现。

他的头发都快愁白了，假如过不了河，不仅自己会当俘虏，整个城市也会落在敌人手里。万般无奈，他只得在河边静静地等待。

这是一生中最难熬的一夜，他觉得自己都快要冻死了。

他真是走投无路了。自己不是冻死，就是饿死，要么就是落在敌人手里被杀死。

更糟的是，到了夜里，起了北风，后来又下起了鹅毛大雪。

他冻得瑟缩成一团，他甚至连抱怨自己命苦的力气都没有了。

此时，他的心里只有一个念头：活下来！

他暗暗祈求：“上天啊，求你再让我活一分钟，求你让我再活一分钟！”也许他的祈求真的感动了上天，当他气息奄奄的时候，他看到东方渐渐发亮。等天亮时，他惊奇地发现，那条阻挡他前进的大河上面已经结了一层冰。他往河面上试着走了几步，发现冰冻得非常结实，他完全可以从上面走过去。

他欣喜若狂，牵着马从上面轻松地走过了河面。

因为我不要平凡，所以比别人难更多

人生不如意事十之八九，即使是一个十分幸运的人，在他的一生中也总有处于十分艰难的情况，一帆风顺的人生是不可能的。看一个人是否成功，我们不能看他成功的时候或开心的时候怎么过，而要看其在不顺利的时候，在没有鲜花和掌声的落寞日子里怎么过。有句话是这么说的："在前进的道路上，如果我们因为一时的困难就将梦想搁浅，那只能收获失败的种子，我们将永远不能品尝到成功这杯美酒芬芳的味道。"

在中国商界，史玉柱代表着一种分水岭。

20 世纪 90 年代，史玉柱是中国商界的风云人物。他通过销售巨人汉卡迅速赚取超过亿元的资本，凭此赢得了巨人集团所在地珠海市第二届科技进步特殊贡献奖。那时的史玉柱事业达到了顶峰，自信心极度膨胀，似乎没有什么事做不成。也就是在获得诸多荣誉的那年，史玉柱决定做点"刺激"的事：要在珠海建一座巨人大厦，为城市争光。

大厦最开始定的是 18 层，但之后，大厦层数节节攀升，一直飚到 72 层。此时的史玉柱就像打了鸡血一样，明知大厦的预算超过 10 亿，手里的资金只有 2 亿，还是不停地加码。最终，巨人大厦的轰然倒地让不可一世的史玉柱尝尽了苦头。他曾经在最后的关头四处奔走寻觅资金，但"所有的谈判都失败了"。

随之而来的是全国媒体的一哄而上，成千上万篇文章骂他，欠下的债也是个极其恐怖的数字。史玉柱最难熬的日子是1998年上半年，那时，他连一张飞机票也买不起。“有一天，为了到无锡去办事，我只能找副总借，他个人借了我一张飞机票的钱，1000元。”到了无锡后，他住的是30元一晚的招待所。女招待员认出了他，没有讽刺他，反而给了他一盆水果。那段日子，史玉柱一贫如洗。如果有人给那时的史玉柱拍摄一些照片，那上面的脸孔必定是极度张狂到失败后的落寞，焦急、忧虑是史玉柱那时最生动的写照。

经历了这次失败，史玉柱开始反思。他觉得性格中一些癫狂的成分是他失败的原因。他想找一个地方静静，于是就有了一年多的南京隐居生活。

在中山陵前面的一块地方，有一片树林，史玉柱经常带着一本书和一个面包到那里充电。那时，他每天十点多左右起床，然后下楼开车往林子那边走，路上会买好面包和饮料。部下在外边做市场，他只用手机遥控。晚上快天黑了就回去，在大排档随便吃一点，一天就这样过去了。

后来有人说，史玉柱之所以能“死而复生”，就是得益于那时候的“卧薪尝胆”。他是那种骨子里希望重新站起来的人。事业可以失败，精神上却不能倒下。经过一段时间的修身养性，他逐渐找到了自己失败的症结：之前的事业过于顺利，所以忽视了许多潜在的隐患。不成熟、盲目自大，野心膨胀，这些，就是他性格中的不安定因素。

他决心从头再来，此时，史玉柱身体里“坚强”的秉性体现出来。他在那次珠峰以及多次“省心”之旅后踏上了负重的第二次创业。这次事业的起点是保健品脑白金。

因为之前的巨人大厦事件，全国上下已经没有几个人看好史玉柱。他再次的创业只是被更多的人看作赌徒的又一次疯狂。但脑白金一经推出，就迅速风靡全国，到2000年，月销售额达到1亿元，利润达到4500万。自此，巨人集团奇迹般地复活。虽然史玉柱还是遭到全国上下诸多非议，但不争的事实却是，史玉柱曾经的辉煌确实慢慢回来了。

赚到钱后，他没想到为自己谋多少私利，他做的第一件事就是还钱。这一举动，再次使其成为众人的焦点。因为几乎没有人能够想到史玉柱有翻身的一天，更没想到这个曾经输得一贫如洗的人能够还钱。但他确实做到了。

认识史玉柱的人，总说这些年他变化太大。怎么能没有变化呢？一个经历了大起大落的人，内心总难免泛起些波澜。而对于史玉柱，改变最多的，大概是心态和性格。几番沉浮，很少有人再看到他像早些年那样狂热、亢奋、浮躁，更多的是沉稳、坚忍和执着。即使是十分危急的关头，他也是一副胸有成竹、不慌不忙的样子。

回想自己早年的失败时，史玉柱曾特意指出，巨人大厦“死”掉的那一刻，他的内心极其平静。而现在，身价百亿的他也同样把平静作为自己的常态。

只是，这已是两种不同的境界。前者的平静大概象征一潭死水，后者则是波涛过后的风平浪静。起起伏伏，沉沉落落，有些人生就是在这样的过程中变得强大和不可战胜。良好的性情和心态是事业成功的关键，少了它们，事业的发展就可能徒增许多波折。

人生难免有低谷的时候，在这样的时刻，我们需要的就是忍受寂寞，卧薪尝胆。就像当年越王勾践那样，三年的时间里，作为失败者他饱受屈辱，被放回越国之后，他选择了在寂寞中品尝苦胆，铭记耻辱，奋发图强，最终得以雪耻。

不要羡慕别人的辉煌，也不要眼红别人的成功，只要你能忍受寂寞，满怀信心地去开创，默默付出，相信生活一定会给你丰厚的回报。

希望的力量

人生可以失去很多东西，却绝不能失去希望。只要心存希望，总有奇迹发生，希望虽然渺茫，但它永存人间。

美国作家欧·亨利在他的小说《最后一片叶子》里讲了个故事：病房里，一个生命垂危的病人从房间里看见窗外的一棵树，在秋风中树叶一片片地掉落下来。病人望着眼前的萧萧落叶，身体也随之每况愈下，一天不如一天。她说："当树叶全部掉光时，我也就要死了。"一位老画家得知后，用彩笔画了一片叶脉青翠的树叶挂在树枝上。最后一片叶子始终没掉下来。

只因为生命中的这片绿，病人竟奇迹般地活了下来。

人生可以失去很多东西，却绝不能失去希望。只要心存希望，总有奇迹发生，希望虽然渺茫，但它永存人间。

所以，当你遇到困境的时候，你一定要相信你自己，给自己希望，这样才能柳暗花明，走出困境。

有两个盲人靠说书弹弦谋生，老者是师傅，幼者是徒弟。徒弟整天唉声叹气，也无法学好手艺。因为眼盲，他甚至常常失去生活的勇气。一天，师傅病了，在临终前，他对徒弟说："我这里有一张复明的药方，我将它封进你的琴槽中，当你弹断1000根琴弦的时候，你才能取出药方。记住，你弹断每一根弦时必须是尽心尽力的。否则，再灵的药方也会失去效用。"徒弟牢记师傅的遗嘱，他一直为实现复明的梦想而弹弦不止。

50年过去了，徒弟已皓发银须，一声脆响，徒弟终于弹断

了第1000根琴弦，他直向城中的药铺赶去。当他满怀期望地等着取回草药时，掌柜的告诉他，那是一张白纸。他明白了师傅的用意，他学到了手艺，这就是药方，有了手艺他就有了生存的勇气。他努力地说书弹弦，成了名优秀的表演者，受人尊敬。直到95岁高龄时，他才抱着三弦含笑告别人世。

前途比现实重要，希望比现在重要。任何时候，都不应该放弃希望，因为它是创造成功、创造未来的“点金石”。

人生不能没有希望，所以无论我们身陷怎样的逆境，我们都不应该绝望。失望时萌生希望，能驱散心中的浓雾，拥抱一片湛蓝的晴空。让我们带着希望生活，活出一个最好的自己。

只要把希望种在心里，即使一粒最普通的种子，也能长出奇迹！

培植出白色的金盏花非常困难，让专家都望而却步，而一位不懂遗传学的老人却取得了成功。这是为什么呢？且往下看完这个故事。

美国一家报纸曾刊登了一则园艺所重金悬赏征求纯白金盏花的启事，一时引起轰动。高额的奖金让许多人趋之若鹜。但是，在千姿百态的自然界中，金盏花除了金色的就是棕色的，要培植出白色的，不是一件容易的事。所以许多人一阵热血沸腾之后，就把那则启事抛到了九霄云外。

时间一晃就是20年。20年后很平常的一天，当年那家曾刊登启事的园艺所意外地收到了一封热情的应征信和100粒“纯白金盏花”的种子。当天，这件事就不胫而走，引起轩然大波。原来寄种子的是一位年已古稀的老人。对信中言之凿凿能开出纯白金盏花的种子，园艺所一直举棋不定，该不该验证一时成了争论的焦点。有人说，绝不应该辜负一位老人的心意。那些种子终于得以落土生根。奇迹是在一年之后才出现的，一大片纯白色的金盏花在微风中摇曳生韵。

一直默默无闻的老人因此成了焦点。原来，老人是一个地地道道的爱花人。20年前，她偶然看到那则启事，怦然心动。她的决定却遭到她8个儿女的一致反对。毕竟，一个压根儿就不懂种子遗传学的人是很难完成专家都不能完成的事，她的想法岂不是痴人说梦！但她痴心不改，义无返顾地干了下去。她撒下了一些最普通的种子，精心侍弄。一年之后，金盏花开了。她从那些金色的、棕色的花中挑选了一朵颜色最淡的，任其自然枯萎，以取得最好的种子。次年，她又把它们种下去。然后，再从许多花中挑选出颜色更淡的花的种子栽种……日复一日，年复一年，春种秋收，周而复始，老人的丈夫去世了，儿女远走了，生活中发生了很多的事，但唯有种出白色金盏花的愿望在她的心中牢牢地扎下了根。终于，在20年后的一天，她在园中看到一朵金盏花，是如银如雪的白。一个连专家都解决不了的问题，在一个不懂遗传学的老人手中迎刃而解，这不是奇迹吗？

漫漫人生，难免会遇到荆棘和坎坷，但风雨过后，一定会有美丽的彩虹。所以，任何时候你都要抱乐观的心态，都不要丧失希望。要知道，失败不是生活的全部，挫折只是人生的插曲。虽然机遇总是飘忽不定，但只要你坚持，保持乐观，你就能永远拥有希望。即使一生不如意，但有希望相伴也是幸福。

低谷的短暂停留，是为了向更高峰攀登

随着最后一棒雷扎克触壁，美国队在北京奥运会游泳男子 4×100 米混合泳接力比赛中夺冠了，并打破了世界纪录！泳池旁的菲尔普斯激动得跳起来，和队友们紧紧拥抱在一起。这也是菲尔普斯本人在北京奥运会上夺得的第 8 枚金牌，可谓是前无古人。菲尔普斯已经彻底超越了施皮茨，成为奥运会的新王者。

如果说一个人的一生就像一条曲线，那么，北京奥运会上的菲尔普斯无疑达到了人生的一个新高峰；如果说一个人的一生就像四季轮回，那么，北京奥运会上的菲尔普斯必定是处在灿烂热烈、光芒四射的夏季。在 2008 年北京的水立方，菲尔普斯创造了令人大为惊叹的八金神话，无比荣耀地登上了他人生的巅峰。

而 2009 年 2 月初，当北半球大部分国家还被冬天的低温笼罩时，从美国传出了一条让菲迷们更觉冰冷的消息，菲尔普斯吸食大麻！菲迷们伤心了，媒体哗然了，“大麻门”再次让人们瞠目结舌。

北京奥运会后，菲尔普斯完全放弃了训练，流连于各个俱乐部、夜店，继而沉醉于赌城拉斯维加斯豪赌，私生活可谓靡烂。他也不再严格控制饮食，导致体重增加了至少 6 公斤。《纽约时

报》说，“这是有史以来最胖的菲尔普斯，他更像是明星，而不是运动员”。

尽管“大麻门”曝光后，菲尔普斯痛心疾首，向公众真诚致歉并表示会痛改前非，很多热爱飞鱼的菲迷们都采取了宽容的态度，美国泳协也仅对菲尔普斯禁赛三个月。但事情既然发生，就不得不引发人们深深的思考。

相比于风光无限的2008年夏季，2008年底到2009年初，菲尔普斯似乎在走下坡路，他人生也似乎走进了寒冷的冬季。喜欢他的人们帮他解脱，比如年少无知、交友不慎，比如生活单调、压力过大。其实和菲尔普斯相比，现实生活中很多人的生活轨迹又何尝不是如此呢，春风得意，自我膨胀，然后屡犯错误，最后跌入人生的低谷。无论是主观原因还是客观因素，成功的背后总会有失败的影子，得意过后总会伴着失意，有顺境就有逆境，有春天也会有冬季，这似乎是人生无可置疑的辩证法。

人生就像四季，有着寒暑之分，也会有冷暖交替的变化。情场失意、工作不得志、与家人无法沟通、在同事中不被认同、亲

人病危……当我们面临人生的“冬季”时，不可避免地会陷入情绪的低潮，并经常在低潮与清醒中来回摇摆。其实，当一个人处于人生中的“冬季”时，正是好好反省、重新认识自己的时候，因为在所谓清醒的时刻，往往并非是真正的清醒。不管是刻意压抑或是在潜意识中，都会在有意或无心的时候，否定了内心种种孤寂、空虚的感受，也压抑了由恐惧所引起的各种负面情绪。

当然，有人也想过办法来解决这样的问题，有人尝试各种各样的方法，只是到了最后，还是不忘提醒自己这样的话：“书上写的、朋友说的我都懂，不过，懂是一回事，能不能做又是另外一回事！”就这样，不是畏惧改变，就是不耐于等待，而错失了反省自己的机会！

人在顺境时得意是非常自然的事情，但是能在低谷中苦中寻乐，或是让心情归于平静去认识平常疏于了解的自己，能帮助自己成长。生活中的“冬季”就像开车遇到红灯一样，短暂的停留是为了让你放松，甚至可以看看是否走错了方向。人生是长途旅行，如果没有这种短暂的休息，也就无法精力充沛地完成旅程。生命有高潮也有低谷，低谷的短暂停留是为了整顿自我，向更高峰攀登。

磨砺到了，幸福也就到了

世间很多事情都是难以预料的，亲人的离去、生意的失败、失恋、失业等等打破了我们原本平静的生活，以后的路究竟应该怎么走？我们应当从哪里起步？这些灰暗的影子一直笼罩在我们的头上，让我们裹足不前。

难道生活真的就这么难吗？日子真的就暗无天日吗？其实，并不是这样的。在这个世界上，为何有的人活得轻松，而有的人却活得沉重？因为前者拿得起，放得下，后者是拿得起，却放不下。

很多人在受到伤害之后，一蹶不振，在伤痛的海洋里沉沦。只得到不失去的事情是不可能的，而一个人在失去之后，就对未来丧失信心和希望，又怎么在失去之后再得到呢？人生又怎能过得快乐幸福呢？

被誉为“经营之神”的松下幸之助 9 岁起就去大阪做一个小伙计，父亲的过早去世使得 15 岁的他不得不担负起生活的重担，寄人篱下的生活使他过早地体验了做人的艰辛。

22 岁那年，他晋升为一家电灯公司的检察员。就在这时，松下幸之助发现自己得了家族病，已经有 9 位家人在 30 岁前因为家族病离开了人世。他没了退路，反而对可能发生的事情有了充分的精神准备，这也使他形成了一套与疾病作斗争的办法：不断调整自己的心态，以平常之心面对疾病，使自己保持旺盛的精力。这样的过程持续了一年，他的身体变得结实起来，内心也越来越坚强，这种心态也影响了他的一生。

患病一年来的苦苦思索，改良插座的愿望受阻后，他决心辞去公司的工作，开始独立经营插座生意。创业之初，正逢第一次世界大战，物价飞涨，而松下幸之助手里的所有资金少得可怜。公司成立后，最初的产品是插座和灯头，却因销量不佳，使得工厂到了难以维持的地步，员工相继离去，松下幸之助的境况变得很糟糕。

但他把这一切都看成是创业的必然经历，他对自己说："再下点工夫，总会成功的！已有更接近成功的把握了。"他相信：坚持下去取得成功，就是对自己最好的报答。功夫不负有心人，生意逐渐有了转机，直到6年后拿出第一个像样的产品，也就是自行车前灯时，公司才慢慢走出了困境。

1929年经济危机席卷全球，日本也未能幸免，产品销量锐减，库存激增。日本的战败使得松下幸之助变得几乎一无所有，剩下的是到1949年时达10亿元的巨额债务。为抗议把公司定为财阀，松下幸之助不下50次去美军司令部进行交涉。

一次又一次的打击并没有击垮松下幸之助，如今松下已经成为享誉全世界的知名品牌，这个品牌正是在不断的磨砺之中逐渐成长起来的。

如果当初在得知自己患上家族病的那一刻，松下就将自己埋没在悲观之中，那么，或许我们今天就不会看到松下这个品牌了。

生活中有各种各样我们想不到的事情，其实这些事情本身并不可怕，可怕的是我们无法从这件事情所造成的影响中抽身出来，尽早的以最新、最好的状态去投入下面的事情，哪怕我们现在身无分文，我们可以从身无分文起步，一点一滴地打拼，磨砺到了，幸福也就到了。

第7章

世界这么忙，柔弱给谁看

大海上没有不带伤的船

痛苦、失败和挫折是人生必须经历的阶段。受挫一次，对生活的理解加深一层；失误一次，对人生的领悟便增添一级；磨难一次，对成功的内涵便透彻一遍。从这个意义上说：想获得成功和幸福，想过得快乐和充实，首先就得真正领悟失败、挫折和痛苦。

英国一个保险公司曾经从拍卖市场上买下一艘船，这艘船原来属于荷兰一个船舶公司，它 1894 年下水，在大西洋上曾 138 次遭遇冰山，116 次触礁，13 次失火，207 次被风暴折断桅杆，但是却从来没有沉没过。

根据英国《泰晤士报》报道，截止到 1987 年，已经有 1200 多万人次参观了这艘船，仅参观者的留言就有 170 多本。在留言本上，留得最多的一条就是——在大海上航行没有不带伤的船。

在大海上航行没有不带伤的船，我们在生活中同样不可能会一帆风顺，难免会有伤痛和挫折。失败和挫折其实本来就是人生不可或缺的一部分。失败和痛苦是上帝与人们的沟通方式，好让你知道自己为何失败。迈向成功的转折点，通常是由失败或挫折所决定的。

什么是成功者？成功者不过是爬起来比倒下去多一次。这便是成功者与失败者的最大区别。

追求成功的过程中一定充满挫折与失败。你不打败它们，它们就会打败你。任何人在到达成功之前，没有不遭遇失败的。每一个成功的故事背后都有无数失败的故事。约翰·克里斯在出版第一本书之前，曾写过 564 本其他书，并遭到了 1000 多次的退稿，但他并没有灰心放弃，终于在第 565 本书获得了成功，成为英国著名的多产作家。

所以，接受失败，正确对待失败，危机就能成为转机，总会有云开雾散的一天。失误其实也是一种特殊的教育、一种宝贵的经验，换个角度去面对它，就会有意想不到的收获。

一名德国工人在生产书写纸时，不小心弄错了配方，结果生产出一大批不能书写的废纸。他不但被扣工资，还被罚钱，最后遭到解雇。他并没有灰心丧气，在朋友的提醒下，他想到，这批纸虽然不能作为书写纸来使用，但吸水性极佳，可用来吸干器具上的水。于是，他将这批纸切成小块，取名“吸水纸”，上市后相当抢手。后来，他申请了专利，因此成为大富翁。

据说，宝洁公司有这样一个规定：如果员工3个月没有犯错误，就会被视为不合格员工。对此，宝洁公司全球董事长的解释是：那说明他什么也没干。

人的一生不可能一帆风顺。挫折失败，是人生中必然的过程与代价。只有经过挫折的考验，人才能展翅高飞，走向成熟。

失败是一种人生财富

古时候，有一个国王有一次举行盛大的国宴，厨工在厨房里忙得不可开交。一名小厨工不慎将一盆羊油打翻，吓得他急忙用手把混有羊油的炭灰捧起来往外扔。扔完后去洗手，他发现双手滑溜溜的，特别干净。小厨工发现这个秘密后，悄悄地把扔掉的炭灰捡回来，供大家使用。后来，国王发现厨工们的手和脸都变得洁白干净，便好奇地询问原因。小厨工便把自己的事情告诉了国王。国王试了试，效果非常好。很快，这个发现便在全国推广开来，并且传到希腊、罗马。没多久，有人根据这个原理研制出流行全世界的肥皂。

错误，绝对没有想象中那么可怕，它其实是一种特殊的教育、一种宝贵的经验。有时候，错误中往往孕育着机会。换个念头去面对错误，可能是另一个更圆满的成果。

2002 年 10 月 10 日，一条消息在全球迅速传播开来——日本一位小职员荣获了 2002 年诺贝尔化学奖。一位小职员居然也获得如此大奖？没错，他就是日本一家生命科学研究所的田中。

他不是科学界的泰斗，也非学术界的精英，他甚至不是优等生，大学时还留过级；他找工作时未通过面试而被索尼公司拒之门外，后经老师的极力推荐才有机会走进现在的这家研究所。他是那样的平凡，获奖前，就连同事都不知道有田中这个人。当他接到获奖通知时，他还以为是谁在跟他开玩笑呢。

面对众多记者的追问，田中笑着说："说来惭愧，一次失败却创造了让世界震惊的发明……"

事实的确如此。当时，田中的工作是利用各种材料测量蛋白质的质量。有一次，他不小心把丙三醇倒入钴中，他没有立即推翻重来，而是将错就错对其进行观察，于是意外地发现了可以异常吸收激光的物质，为以后震惊世界的发明"对生物大分子的质谱分析法"奠定了成功的基础。

失败在悲观者眼里是灾难，在乐观者眼里却是一次改正的机会。有失败的痛苦，才有成功的欢乐；有失败的考验，才有做人的成熟。勾践被夫差打败后，卧薪尝胆十年才一雪前耻；史蒂芬孙发明的第一个火车又笨又慢，经过无数次改良，终于成功。所以，失败也是一种财富，因为通过它又一次磨炼了你自己，完善了自我，又一次体味到坚韧的宝贵价值。

失败会使生活产生波折，从而更添生活情趣。没有遭遇过失败的人，永远是轻浮的。一个人经历的失败越多，他的经验就越丰富，做人就越成熟，能力也就越强。这样的人，只要他还能保持乐观，维持顽强的上进心，他就一定是最后的成功者。

有缺陷，就勇敢地面对

一只毛毛虫向上帝抱怨："上帝啊，你也太不公平了。我作为毛毛虫的时候，丑陋又行动缓慢，而当我变成了蝴蝶后，却美丽又轻盈。前期遭人厌恶，后期又招人赞美。这也太不公平了吧！"

上帝点了点头，说："那你准备怎么办？"

毛毛虫接着说："这样吧，平衡一下。我现在虽然丑陋点，但你让我行动轻盈点；当我化为蝴蝶后，让我行动迟缓一点。"

"这样啊，那恐怕你活不了多久啊！"上帝摇了摇头。

"为什么啊？"毛毛虫焦急地反问。

"如果你有蝴蝶的漂亮却只有毛毛虫的速度，是不是很容易就被人捉了去呢？现在之所以没人碰你，就是因为你的丑陋啊。"上帝语重心长地说。

毛毛虫想了想，决定还是做一只缓慢而丑陋的毛毛虫，因为这样不会因为美丽而失去性命。

在这个世界上没有任何一个人是完美的。不要害怕自己有缺陷，会受到别人的嘲笑，要勇敢地去面对它，并将这些缺陷化作自己前进的动力。

布莱克从小双目失明，那时候他还不知道失明的后果。当他长大以后，他知道他将永远看不到这个世界。

“上帝，为什么要这样对我？难道是我做错了什么你惩罚我吗？我看不到小鸟，看不到树木，看不见颜色。失去了光明，我还能干什么？”布莱克常常这么问自己。

他的亲人和朋友，还有许多好心人都来关怀他，照顾他。当他坐公共汽车的时候，常常有人为他让座。当他过马路的时候，会有人来搀扶他。但布莱克把这一切都看成是别人对他的同情和怜悯，他心里并不好受，不愿意一直这样被同情怜悯。

直到有一天，一件事情改变了他对世界的看法。那是莱恩神父讲给他的一句话：“世上每个人都是被上帝咬过一口的苹果，都是有缺陷的。有的人缺陷比较大，因为上帝特别喜爱他的芬芳。”

“我真的是上帝咬过的苹果吗？”他问莱恩神父。

“是的，你不是上帝的弃儿。但是上帝肯定不愿意看到他喜欢的苹果在悲观失望中度过他的一生。”莱恩神父轻轻地回答道。

“谢谢你，神父，你让我找到了力量。”布莱克高兴地对神父说道。从此他把失明看作是上帝的特殊钟爱，开始振作起来。若干年后，当地传诵着一位德艺双馨的盲人推拿师的故事。

事实上，有许多先天条件并不好的人之所以取得成功，是因为开始的时候有一些阻碍他们的缺陷促使他们加倍努力而得到更多的补偿。

一个男孩，从小到大都是坐在教室的最前排，因为他的个子一直是班上最矮的，只有一米二，而这个身高从此没有再改变过。他患的是一种奇怪的病，医学上称是内分泌失常导致的。

他的家境不好，父母都是农民，却要供养3个孩子念书。他上中学了，父母决定从学校抽回一个孩子，他们的目光首先落到了矮小的他身上。可他倔强地回绝了父亲："我要上学，学费我自己想办法！"从此，他拎着一个大大的塑料袋开始了自己的拾荒生涯，将一包包的废品换成学费。

在后来的一次事故中，父亲不幸丧失了劳动能力，矮小的他不得不连兄妹的担子也替父母扛起来。很显然，卖破烂的钱已远远不够。偶然的机会，他听人说烟台一带拾荒的人少，就和父亲来到了烟台。为了生计，他边拾荒边乞讨，有空的时候，他就坐在人来车往的大街边捧着书本看。

父亲说，讨饭的看书有什么用。他反驳道，乞丐有两种，一种是形式上的，一种是精神上的，他是第一种。

在拾荒与乞讨的间隙，他以超乎常人的毅力与决心，学完了高中的所有课程，因为他有一个梦想。功夫不负有心人，在2003年，他以超出本科线30分的成绩被重庆工商大学录取。他就是袖珍男孩——魏泽阳。

有人问他为什么能改变自己的命运。他从容地说：“我可以贫穷，却不可以低贱；我可以矮小，却不可以卑微！”

赖斯利说：“人生的意义不在于拿到一副好牌，而在于怎么样打好一副烂牌。”缺陷不一定都是坏的，有可能就是你的长处和优点。只要会利用，可能还会给你带来意想不到的效果，但是，前提是你必须得正视缺陷。

人不可能十全十美，但人要永远追求完美。如果有缺陷，就要勇敢地面对，并战胜它。

谁都可以创造奇迹

在美国，有一个越战时期的军人，他是一个有手无腿的残疾人，却成为家喻户晓的英雄。他的名字任何一个美国人都耳熟能详——鲍勃·威兰德。

他并不是靠作战的英勇和赫赫战功而成为美国人心目中的英雄的，在美国人的心目中，他是意志的化身，他是勇气的象征，他是奇迹的创造者。在教育后代的时候，人们会说，要像鲍勃·威兰德那样！

1969年，当鲍勃·威兰德刚刚23岁的时候，他以大学的棒球主力队员而闻名。这个时候，他接到了让他应征从军远赴越南战场的征兵令。

不幸的是，在他刚到越南的第二个月，他就在南越西贡市近郊的亚热带密林中踩上了地雷，腰身以下顷刻间不复存在。他由一个高190厘米、体重90公斤的魁梧男子变成了不足一米高、有手无腿的半截人。

面对这样的人生遭遇，灰心丧气以致轻生厌世都是可以想象的，但是鲍勃·威兰德没有，他选择了另外一种方式！

鲍勃·威兰德告诉关心他的人："我是不会求助于别人的。"他对人们说：没有了双腿，我还有双手，我可以用双手代替双腿。在医院里，他拒绝护理人员给他更衣，上下楼梯他也拒绝护理人员搀扶。“我有双手，我什么都能做。”他这样告诉护理人员。开始他很吃力，但不久他就行动自如了。后来又学会了自己驾驶汽车，又重新踏进了洛杉矶的大学校门，甚至考取了体育教师的资格。

鲍勃·威兰德自强不息的精神感动了许许多多的美国人，也获得了一位时装模特的芳心，她冲破世俗的压力，与他相携走进结婚的殿堂，结为伉俪。

不久，鲍勃·威兰德又做出了一个令所有美国人瞠目结舌的举动，他要用手跑完从洛杉矶到首都华盛顿的5000公里路程。几乎所有的人都认为这是个不可思议的决定。

5000公里路程，沿途既有连绵起伏的山路，也有荒芜人烟的戈壁沙漠，也有人迹罕至的原始森林。他的家人都极力劝阻他，舆论也在积极赞美的同时奉劝他为了身体三思而后行。但是鲍勃·威兰德下了决心，他说：“我并不认为自己是个残疾人。只要是你想做的事情，那你就一定能够做到，就看你想不想做了。”

鲍勃·威兰德上路了。从开始起程，他就成了美国舆论的焦点，几乎所有的

美国报刊都始终关注着他的一举一动。所到之处，他都受到了空前的欢迎。无以计数的家长带着自己的儿女到鲍勃·威兰德的经过之地等待他的到来，他们要告诉自己的孩子，这个人就是那个征服自己的人，就是那个从来都不知道什么是困难的人，就是那个从来也不求助别人的人。

他耗费了整整3年零8个月又6天的时间，用自己的双手，走完了从美国西部的洛杉矶到美国东部的华盛顿，跨越整个美国大陆的5000公里路！其间，经历过45℃的沙漠高温，经历过零下20℃的严寒，爬上过海拔2400米的山路要塞。但坚强的鲍勃·威兰德都战胜了它们，他最终走到了华盛顿。

在他临近华盛顿的时候，整个华盛顿，或者说整个美国，万人空巷，像欢迎一支作战凯旋之师一样欢迎他的到来。

在美国，他的名字是勇气、坚强、意志的代名词。他的那句话已经深入人心，激励着每一个自强不息的人：我是不会求助于别人的，谁都能够创造奇迹。

顽强的意志可以征服世界上任何高山，威兰德用自己超乎寻常的行动再次证明了这句话。一个有手无腿的人，竟然学会了驾驶汽车，考取了体育教师的资格，甚至用自己的双手，横跨整个美国大陆的5000公里路。他用顽强的意志创造了一个奇迹。如果我们具有威兰德的精神，那么还有什么困难能阻挡我们前进的步伐？

天才往往来自苦难

“自古英雄多磨难，从来纨绔少伟男”，身处逆境，历经磨难，才能创造奇迹。伟人如此，天才也不例外。

有一个人，一生落魄，孤独而又自卑地生活在自己构建的王国里，得不到别人的任何承认。

28岁的时侯，他爱上了表姐，一个刚刚守寡的孕妇。为了表达自己对她的爱意，他把自己的手掌伸进熊熊的炉火中，以致严重受伤，差点儿残废。

可那位表姐不理解他这种独特的表达爱意的方式，拒绝了他。为此，他差点儿走上绝路。

有一次他跟着朋友出去玩，因为没有5法郎，被拒之门外。一个叫拉舍尔的女人对他说：“你没有钱，为什么不把耳朵割下来代替呢？”

他回到家，取刀真的把耳朵割了下来，用布包好送到拉舍尔的面前。小镇上的居民都以为他是疯子，甚至要求市政府把他关进疯人院。

他喜欢作画，而且是个天才的画家。但是，没有一个人能读懂他的画，没有人知道他的画的价值。他的画只能在兄弟的小画廊里寄售，几年来，没有售出一幅画。那位管理小画廊的兄弟差点儿被老板炒了鱿鱼。

他一生大概只售出过一幅画，题目叫作《红色的葡萄园》，价值是4英镑。这幅画是他的兄弟和朋友为了帮助他而买下的。

他最大的希望是能找一家咖啡馆展出自己的作品，可是，到死也没有一家咖啡馆愿意展出他的画。

在绝望中，他朝自己腹部开了一枪，却不足以致命。他对赶来的医生说:“看来，这次我又没干好。”

最后，他死在绝望和旷世孤独中，他的安葬仪式也极其简单。

他就是凡·高，伟大的画家，他的成就现在无人能及。他的画每一幅都价值连城，他的出生地和安息地荷兰、法国都争相把他当作自己的国民，他的画在巴黎、伦敦、荷兰的博物馆都有收藏，并且被放在最显著的位置。

为什么上苍如此亏待他？造就了他的天才，却没有造就出欣赏他的人。是不是一个天才的产生需要搭配相应的苦难，天才至极致，苦难也至极致，上帝在冥冥之中的那双手，难道早已计算好了，尽在他的掌握中？

在《我们的地球》这部大型纪录片中，有一段镜头是蓑羽鹤飞越喜马拉雅山。为了生存和繁殖，蓑羽鹤必须翻越这座世界上最高的山脉到达它在印度的越冬地。它们除了必须克服高海拔的艰险外还得面对金雕的袭击。在生命的禁区，看到这样的情形，就像看到人类攀登喜马拉雅山一样，顽强的生命力在蓑羽鹤身上体现得更加淋漓尽致。

超越极大的苦难越过珠穆朗玛峰，蓑羽鹤才能到达越冬地进行繁殖，开始新的生活。这进一步印证了一个道理：只有经过苦难的洗礼，世界万物才能获得新生。人何尝不是如此呢？

最大的敌人就是自己

驯鹿和狼之间存在着一种非常独特的关系，它们在同一个地方出生，又一同奔跑在自然环境极为恶劣的旷野上。大多数时候，它们相安无事地在同一个地方活动，狼不骚扰鹿群，驯鹿也不害怕狼。在这看似和平安闲的时候，狼会突然向鹿群发动袭击。驯鹿惊愕而迅速地逃窜，同时又聚成一群以确保安全。狼群早已盯准了目标，在这追和逃的游戏里，会有一只狼冷不防地从斜刺里蹿出，以迅雷不及掩耳之势抓破一只驯鹿的腿。

游戏结束了，没有一只驯鹿牺牲，狼也没有得到一点食物。第二天，同样的一幕再次上演，依然从斜刺里冲出一只狼，依然抓伤那只已经受伤的驯鹿。

每次都是不同的狼从不同的地方蹿出来做猎手，攻击的却只是那一只鹿。可怜的驯鹿旧伤未愈又添新伤，逐渐丧失大量的血和力气，更为严重的是它逐渐丧失了反抗的意志。当它越来越虚弱，已不会对狼构成威胁时，狼便群起而攻之，美美地饱餐一顿。

其实，狼是无法对驯鹿构成威胁的，因为身材高大的驯鹿可以一蹄把身材矮小的狼踢死或踢伤，可为什么到最后驯鹿却成了狼的腹中之食呢？

狼是聪明的，它们一次次抓伤同一只驯鹿，让那只驯鹿经过

一次次的失败打击后，变得信心全无，到最后它完全崩溃了，完全忘了自己还有反抗的能力。最后，当狼群攻击它时，它放弃了抵抗。

所以，真正打败驯鹿的是它自己，它的敌人不是凶残的狼，而是自己脆弱的心灵。同样的道理，要让自己强大起来，唯一的方法就是挑战自己，战胜自己，超越自己。

每个人最大的对手就是自己。如果你能战胜自己，走出布满阴霾的昨天，你就能成为幸福的人，获得自己人生的奖赏。

牌不在于好坏，而在于你想不想赢

生活中很多人有成功的愿望，但愿望和信念不一样。愿望只是静态的："我希望成功，希望富有，希望很有成就……"而信念则是动态的："我要获得成功，要创造财富，要获得成就……"一个拥有坚定信念的人，坚信成功会在不久到来，所以一直努力坚持，用自己最大的努力向成功迈进。

原籍中国广东的泰国华侨、亚洲最大的富翁之一、泰国的头号大亨、泰国盘谷银行的董事长陈弼臣，其父亲只是泰国曼谷某商业机构的一名普通秘书。陈弼臣儿时被父亲送回中国接受教育。17 岁那一年因家境贫困被迫辍学。返回曼谷后，陈弼臣做过搬运夫、售货小贩以及厨师，同时还为两家木材公司做账目，日子就在他精打细算的盘算中度过。四年之后，陈弼臣终于从一家建筑公司职位低微的秘书，晋升为部门经理。后来，在几位朋友的赞助下，他集资创办了一家五金木材行，自任经理。经过艰苦的奋斗，攒了一些钱后，陈弼臣又接连开了三家公司，致力于木材、五金、药物、罐头食品以及大米的外销业务。当时，泰国被日本占领，陈弼臣的生意可想而知。但是，陈弼臣一边抗日，一边做生意，业务在他的打理下渐渐兴隆。

1944 年底，陈弼臣与其他 10 个泰国商人集资 20 万美元创立了盘谷银行，职员仅仅 23 人。银行正式营业后，陈弼臣经常与那些受尽了列强凌辱、被外国大银行拒之于门外的华裔小商人来往。尽管那些贫穷的小商人时常突如其来地闯进陈弼臣的家中，但仍然受到陈弼臣的礼遇。

关于这一点，陈弼臣后来说："在亚洲开银行是做生意，不是只做金融业务。当我判断一笔生意是否可做时，只观察这个顾客本人，观察他的过去和他的家庭状况。"

陈弼臣最初负责银行的出口贸易，因此与亚洲各地的华人商业团体建立了广泛的联系，并且积累了丰富的业务知识和经验，大大推进了盘谷银行的出口业务。在他出任盘谷银行的总裁后，一直是这家银行的中流砥柱。

经过多年的艰苦奋斗，陈弼臣已跨进亚洲的大富翁之列。

陈弼臣的成功史，其实是一部白手起家的创业史。他没有继承祖业，也没有飞来的横财，他经过自己苦苦地寻觅，一直不甘落后，渴望成功，终于找到了属于自己的那一片蓝天、自己的那一方土地，找到了发展机遇。这一切都是他不听任命运摆布的结果。

历史上的众多有志之士就是因为心中怀着成功的信念，才能够留名史册。

司马迁凭着自己坚定的信念，历经各种坎坷，搜集到了大量的历史素材和社会素材，才完成了名垂千古的《史记》。

元朝的时候，一名女子出身贫苦，并且是别人家的童养媳，凭借着坚强的意志逃到了海南岛，并在那里与当地的人民一起生活了几十年，而后发明了纺织机，这个人就是黄道婆。生于并处于恶劣的条件下，她就是凭着坚定的信念取得了成功，假若黄道婆没有坚定信念她就不会逃到海南岛，也不会发明纺织机。

一个看不到屋外的阳光、听不到大自然的声音的女孩却能够赢得世人的尊重，她就是海伦·凯勒。她以自己坚强的意志力，以“热爱生命、刻苦学习”的信念不向命运屈服并最终获得了

小男孩下定决心，手推、肩挤、左摇右晃，一次又一次地向岩石发起冲击，可是，每当他刚刚觉得取得了一些进展的时候，岩石便滑脱了，重新掉进沙箱。

小男孩只得哼哼直叫，使出吃奶的力气猛推。但是，他得到的唯一回报便是岩石再次滚落回来，还砸伤了他的手指。

最后，他伤心地哭了起来。这整个过程，男孩的父亲从起居室的窗户里看得一清二楚。当泪珠滚过孩子的脸颊时，父亲来到了跟前。

父亲的话温和而坚定：“儿子，你为什么不用上所有的力量呢？”

垂头丧气的小男孩抽泣道：“我已经用尽全力了，爸爸，我已经尽力了！我用尽了我所有的力量！”

“不对，儿子，”父亲亲切地纠正道，“你并没有用尽你所有的力量。你没有请求我的帮助。”

父亲弯下腰，抱起岩石，将岩石搬出了沙箱。随后说：“人互有短长，你解决不了的问题，要善于借助别人的力量，比如你的朋友或亲人，他们也是你的资源和力量。”

晚清商人胡雪岩取得辉煌的成就，就是一个例子。

胡雪岩12岁那年在父死家贫的窘境中，告别寡母，只身去杭州信和钱庄里当起了学徒。胡雪岩生得一双八面玲珑的眼睛，一看就是绝顶聪明的主儿。开始时，胡雪岩和其他伙计一样在店里站柜台，后来东家和“大伙”都觉得这个小伙计顺眼，就派他出去收账，胡雪岩认真操办，从来不曾出过纰漏，深得东家赏识。

有年夏天，胡雪岩在一家茶店里碰到一个落魄青年，攀谈后得知他叫王有龄，是一名候补盐大使，打算北上“投供”加捐。王有龄当时境况不好且又举目无亲，穷困潦倒，每天在茶馆穷泡，消磨时光。胡雪岩了解这些情况后，心头不由一亮。

胡雪岩把老板交办给他的银票交给了王有龄。事实证明，胡雪岩的判断是对的。他后来正是靠着朋友王有龄的帮助，成为商场上呼风唤雨的人物。

要想成就一番大事业，单靠自己一方面的力量是不够的，在力量不强大时，就要善于积极借助他人的力量。在他人的帮助下，开辟一片新天地，这不仅仅是谋略，也是一种成功经验的智能产物。

第8章

沙子入蚌后变成珍珠，痛苦加身后造就成功

痛苦是通往天堂的梯子

在这个世界上，没有人喜欢痛苦。然而，人生就是痛苦和幸福的综合体，每一个人都摆脱不了痛苦。痛苦是一种折磨，同时又是一种力量。舒适、悠闲远不如坎坷与磨难更能锻炼人，更能发挥人的长处。痛苦造就人的秉赋，痛苦也磨炼人的秉赋，痛苦更能教人靠耐心和韧劲，从苦难之海中顽强跋涉出来。

美国巴拉马州有一个12岁的小男孩，他的名字叫作杰森，在他10岁的时候患了脑癌，已经动过3次大手术并进行了数十次电疗。主治医生认为他的病情不容乐观，但是杰森却勇敢面对他的绝症。他喜欢画画，即使在病床上，他也坚持作画，他的作品曾经数次获得全国大奖。为了在生前开第一次也许是最后一次个人画展，他每天都抽出4个小时绘画。他说：“我一定要坚持活下去。贝多芬不是在耳聋后仍创作出美妙的《月光曲》吗？”

经过多次化疗后，杰森的视力持续衰退，耳朵开始溃烂，但是他的画展依然如期开幕了。杰森因为手术无法亲临现场，只能请一位同学代念了一封他写的信。他在信中是这么说的：“我会好起来的，我相信我一定会好起来的。痛苦虽然很可怕，但我现在已经学会习惯它了。正是痛苦让我知道了人生的宝贵，我将努力珍惜以后的时光。”

勇敢的杰森已开过3次刀，都是直接在脑袋上开刀。他在第三次手术时，主动要求不用麻醉药，因为癌症带来的痛苦远超过开刀的痛苦。

面对坚强的杰森，不由得让人肃然起敬。人，一旦超越了痛苦，痛苦就不再是牵绊，而是一种伟大的力量。

痛苦，是一把成长的钥匙，让你迅速成长；

痛苦，是飞翔的翅膀，让你更接近梦想；

痛苦，是人生的催化剂，让你更有力量；

痛苦，是一扇通往智慧的门，将人带入心灵的殿堂；

痛苦，是一个炼钢的火炉，让你更加刚强；

……

痛苦是一架梯子，对于强者来说，它通向成功的殿堂；对于弱者来说，它则通向黑暗的地狱。

高尔基一生历经坎坷，吃了不少苦，也收获了不少人生阅历，充实的人生经历为他的成就打下了基础。回顾往事的时候，高尔基说道："一个人如果没有他吃不了的苦，那么就没有他做不成的事情。"人如果能正视苦难，是一种人生的豪迈。善待苦难，苦中作乐，是一种人生的乐趣！

痛苦割破了你的心，却掘出了生命的新水源

罗曼·罗兰曾说："只有把抱怨别人和环境的心情，化为上进的力量，才是成功的保证。"命运的挫折磨难，可以使人脆弱萎靡，也可以使人坚强冷静。学会忍耐，你就能够把握自己的命运。

无论你位高权重，还是富甲一方，你都会遇到折磨你的人，那么，当你面对这些折磨你的人的时候，你是忍耐、以不断改进自己来适应，还是怒不可遏、跟自己过不去？很显然，选择前者是明智之举。

艾柯卡是美国汽车业非常优秀的经营巨子，他曾任职于世界汽车行业的领头羊——福特公司。由于其卓越的经营才能，艾柯

卡的地位不断高升，直到坐上了福特公司的总裁位置。

就在艾柯卡志得意满、事业如日中天的时候，福特公司的老板——福特二世出人意料地解除了艾柯卡的职务，原因是艾柯卡在福特公司的声望和地位已经超越了福特二世，他担心自己的公司有一天改姓为“艾柯卡”。

艾柯卡成了功高盖主的牺牲品。他一下从人生的辉煌跌入了人生的低谷，他坐在自己的小办公室里思绪良久，终于毅然而果断地下了决心，离开福特公司。

在离开福特公司之后，艾柯卡最终选择了美国第三大汽车公司——克莱斯勒公司。很多人都不理解艾柯卡，因为此时的克莱斯勒已是千疮百孔、濒临倒闭的公司。

想必除这家风雨飘摇的企业，艾柯卡有很多更好的选择，因为这段时间有很多世界著名企业的头目都拜访过艾柯卡，希望他能重新出山，但艾柯卡一一谢绝。

其实，艾柯卡心中只有一个目标，那就是：“从哪里跌倒的，就要从哪里爬起来！”他要向福特二世和所有人证明，艾柯卡的确是一代经营奇才！

接管克莱斯勒公司后，艾柯卡进行了大刀阔斧的改革，辞退了32个副总

那天晚上，她让父亲写了一张纸条，贴到了墙上，上面是这样的一行字：“一个巴掌也能鼓掌。”从那之后，她开始配合医生做运动。无论多么艰难和痛苦，她都咬牙坚持着。有一点进步了，她又以更大的受苦姿态，来求更大的进步。甚至在父母不在时，她自己扔开支架，试着走路。她坚持着，她相信自己能够像其他孩子一样，她要行走，她要奔跑……

11岁时，她终于扔掉支架，她又向另一个更高的目标努力着，她开始锻炼打篮球和参加田径运动。

1960年罗马奥运会女子100米跑决赛，当她以11秒18第一个撞线后，掌声雷动，人们都站起来为她喝彩，齐声欢呼着这个美国黑人的名字：威尔玛·鲁道夫。

那一届奥运会上，威尔玛·鲁道夫成为当时世界上跑得最快的女性，她共摘取了3枚金牌，也是第一个黑人奥运女子百米冠军。

生活中，我们能够听到这样的话：“立即干”“做得最好”“尽你全力”“不退缩”“我们能产生什么”“总有办法”“问题不在于假设，而在于它究竟怎样”“没做并不意味着不能做”“让我们干”“现在就行动”。这些都是成功者热爱的语言。他们是真正的行动者，他们总是要求行动，追求行动的结果，他们的语言恰恰反映了他们追求的方向。

生活中，当我们遭到冷遇时，不必沮丧，不必愤恨，唯有尽全力赢得成功，才是最好的答复与反击。不因幸运而故步自封，不因厄运而一蹶不振。真正的强者，善于从顺境中找到不足，从逆境中找到光亮，时时校准自己前进的目标，人生的冷遇也可能成为你幸运的起点。

没痛过的仙人掌，怎么懂得把刺收藏

人生如果是一场表演的话，那么只有让它更具张力，你的表演才更具内涵。因为有了张力，水珠会变得晶莹剔透、饱满圆润；有了张力，人生就会不鸣则已，一鸣惊人。

生命是一张上帝签发的支票，就看你怎样去用。如果你善于忍耐，敢于用暂时的屈服，来处理不利的境遇，那么，你的人生就会更具张力，那么你的这张支票也就实现了价值的最大化。

台湾著名作家柏杨曾经是一个“火暴浪子”，他尖锐、激进。1979 年，他被捕入狱，5 年以后才被放出来。5 年的牢狱生活彻底地改变了他。他成为“谦谦君子”，变得理性、温和。就连周围的人都感到惊奇：“现在的柏杨很有同情心，也知道替别人留余地，不像从前，总是那么火辣辣的。”

其实，柏杨不是没有过怨恨、绝望，他后来回忆他的狱中生活时说：他也曾经怨过、恨过。那段日子他经常睡不着觉，半夜醒来时发现自己竟然恨得咬牙切齿，就这样大约持续了一年。后来，他意识到不能这样继续下去，否则，他不是闷死，就是被自己折磨死。

想明白后，他坦然地面对一切，开始大量阅读历史书籍，光是《资治通鉴》前后就读了三遍。这些书籍给了他宝贵的精神食粮，他从这些书籍中领悟到：历史是一条长河，个人只不过是非常渺小的一滴水。

他明白了一个道理：生命的本质原本就是苦多于乐，每个人都在成功、失败、欢乐、忧伤中反反复复，只要心中常保持爱心、美感与理想，挫折反而是使人向上的动力，使人的生命更具张力。

当柏杨忍耐下来后，他发现心境变得平和，思路也越来越开阔，后来，他在牢中完成了三部史学巨著。

英雄等待出头之日，必须要忍耐。在无尽的忍耐中，让心灵得到磨砺，让生命更有张力。生命是否有张力，完全取决于你自己。上帝用心良苦，让你通过另一种方式来获取幸福人生，你要有悟性，放下悲痛，坦然面对，幸福就在那顿悟的瞬间开始。

人的一生不可能一帆风顺，遇到挫折和困难是难免的。但如果你能做到坦然面对、心态放平稳，在忍耐中让自己变得更加坚强，让生命更具张力，那么你就有可能会在难言的忍耐之后，获得爆发的机会。

能忍方能成大事

“生当作人杰，死亦为鬼雄。至今思项羽，不肯过江东。”这是著名的女词人李清照赞颂西楚霸王项羽的一首诗，诗中虽然充满了豪情，但却难免给人英雄气短的感觉。试想一下，如果当年项羽能够忍受一时的屈辱，过得江东之后重整人马，那么历史便很有可能被改写。

而他的对手刘邦，则将一个“忍”字发挥到了极致。刘邦为了将来的前程似锦，忍住浮华诱惑，锋芒暂隐，静待转机。这也许正是他最终胜出项羽的原因。咸阳城内王室发生的剧变，已经明显影响到了秦军的士气，恰逢刘邦招降，众士兵正中下怀，项羽这边听说刘邦西征军已经接近武关的消息，也颇为着急。章邯投降后，项羽不再有任何阻碍，率军火速攻向关中盆地的东边大门——函谷关。

十月，刘邦军团进至灞上。咸阳城已完全没有了防卫的能力，秦王子婴主动投降，秦王朝正式灭亡。

刘邦大军历尽千辛万苦终于进入咸阳，此时刘邦对日后称霸天下有了莫大的野心和信心。

同时，面对扑面而来的荣华富贵，喜好享乐的他，竟然一时忘乎所以，自然忍不住心动。想起年少时的狂言：“大丈夫当如是也。”一切都唾手可得。

刘邦进入咸阳城内，面对扑面而来的荣华富贵，一时有些忘乎所以。但在张良等人的劝说下，为了长远的未来，刘邦忍下了享受的心。

一个“忍”字成全了刘邦，是刘邦成就霸业不可多得的秘密武器。而项羽，在民心方面，明显不如刘邦。项羽嗜杀成性，不管对方是否投降，一律斩杀。他曾在一夜之间，设计歼害了二十万秦国降军。项羽因为此事而在秦国人民心中臭名昭著。

项羽残杀秦国兵士，刘邦却与秦地父老约法三章，谁是谁非，天下人自然明白。刘邦赢得了百姓的信任，项羽虽然勇猛，但是做一国之君的话，尚嫌粗莽。但是刘邦并非一忍再忍，还军灞上之后，仍对咸阳城念念不忘，从而犯下了一个致命的错误。

随后，刘邦在“鸿门宴”中更是将“忍”刻在了心头。这一场心理战，决定了最后的结局。刘邦在得知项羽要进攻的时候，镇定地用谎言骗住了项羽，使得项羽留给了刘邦一条生路。而项羽始终是轻敌的，尤其忽视了刘邦这个手下部将。他认为以刘邦的兵力，绝对不是他的对手。但是刘邦不跟他斗勇，刘邦喜欢斗智。

这就注定了项羽的悲剧命运。就勇猛来说，项羽力拔山兮气盖世；就智慧来说，项羽也不乏胆识与聪明；就实力来说，项羽是一代霸王，有过众望所归的气势。然而就是一个不能忍，破坏了全部的计划，影响了最终的结局，可见，忍字的力量无穷无尽。

小不忍则乱大谋，忍人一时之疑，一定之辱，一方面是脱离被动的局面，同时也是一种对意志、毅力的磨炼，为日后的发愤图强和励精图治奠定了一定的基础。而不能忍者，则要品尝自己急躁播下的苦果。

向折磨说一声“我能行”

挫折并不保证你会得到完全绽开的成功的花朵，它只提供成功的种子。饱受挫折折磨的人，必须自己努力去寻找这颗种子，并且以明确的目标给它养分并栽培它，否则它不可能开花、结果。

面对挫折，只有自强者才能战胜困难、超越自我。而如果一味地等待别人来帮忙，只能落得失败的下场。遭遇不顺利的事情时，坐等他人的帮助是一种极其愚蠢的做法，只有靠自己的努力才能解决问题，向折磨说一声“我能行”。记住：永远可以依赖的人只有自己！

一个农民只上了几年学，家里就没钱继续供他上学了。他辍学回家，帮父亲耕种二亩薄田。在他 18 岁时，父亲去世了，家庭的重担全部压在了他的肩上。他要照顾身体不佳的母亲，还有一个瘫痪在床的祖母。

改革开放后，农田承包到户。他把一块水洼挖成池塘，想养鱼。但村里的干部告诉他，水田不能养鱼，只能种庄稼，他只好又把水塘填平。这件事成了一个笑话，在别人看来，他是一个想发财但又非常愚蠢的人。

听说养鸡能赚钱，他向亲戚借了300元钱，养起了鸡。但是一场大雨后，鸡得了鸡瘟，几天内全部死光。300元对别人来说可能不算什么，对一个只靠二亩薄田生活的家庭而言，可谓天文数字。他的母亲受不了这个刺激，忧劳成疾而死。

他后来酿过酒，捕过鱼，甚至还在石矿的悬崖上帮人打过炮眼……可都没有赚到钱。

36岁的时候，他还没有娶到媳妇，即使是离异的有孩子的女人也看不上他，因为他只有一间土屋，房子随时有可能在一场大雨后倒塌。娶不上老婆的男人，在农村是没有人看得起的。

但他还是没有放弃，不久他就四处借钱买了一辆手扶拖拉机。不料，上路不到半个月，这辆拖拉机就载着他冲入一条河里。他断了一条腿，成了瘸子。而那拖拉机，被人捞起来，已经支离破碎，他只能拆开它，当作废铁卖。

几乎所有的人都说他这辈子完了。但是多年后他成了一家公司的老总，手中有上亿元的资产。现在，许多人都知道他苦难的过去和富有传奇色彩的创业经历。许多媒体采访过他，许多报告文学描述过他。曾经有记者这样采访他——

记者问："在苦难的日子里，你凭借什么一次又一次毫不退缩？"

他坐在宽大豪华的老板桌后面，喝完了手里的一杯水。然后，他把玻璃杯子握在手里，反问记者："如果我松手，这只杯子会怎样？"

记者说:“摔在地上，碎了。”

“那我们试试看。”他说。

他手一松，杯子掉到地上发出清脆的声音，但并没有破碎，而是完好无损。他说:“即使有 10 个人在场，10 个人都会认为这只杯子必碎无疑。但是，这只杯子不是普通的玻璃杯，而是用玻璃钢制作的。”

是啊！这样的人，即使只有一口气，他也会努力去拉住成功的手，除非上苍剥夺了他的生命……

我们在埋怨自己生活多磨难的同时，不妨想想这位故事主角的人生经历，或许还有更多多灾多难的人们，与他们相比，我们的困难和挫折算什么呢？向折磨说一声“我能行”，自强起来，生命就会屹立不倒!

逆境不是结局，而是过程

人生之中，难免会经历这样或那样的波折。面对生活中的痛苦，如果一味沉浸在对命运的抱怨中，那么我们看到的只能是漫无天际的悲观和失望，可是如果保持一颗豁达的心，即使是在人生的风雪里，也只会当成是风景来观赏。

曼德拉因为领导反对白人种族隔离的政策而入狱，白人统治者把他关在荒凉的大西洋小岛罗本岛上 27 年。当时曼德拉年事已高，但看守他的狱警依然像对待年轻犯人一样对他进行残酷的虐待。

罗本岛上布满岩石，到处是海豹、蛇和其他动物。曼德拉被关在总集中营一个锌皮房里，白天打石头，将采石场的大石块碎成石料。他有时要下到冰冷的海水里捞海带，有时干采石灰的活儿——每天早晨排队到采石场，然后被解开脚镣，在一个很大的石灰石场里，用尖镐和铁锹挖石灰石。因为曼德拉是要犯，看管他的看守就有三个人。他们对他并不友好，总是找各种理由虐待他。

谁也没有想到，1991 年曼德拉出狱当选总统以后，他在就职典礼上的一个举动震惊了整个世界。

总统就职仪式开始后，曼德拉起身致辞，欢迎来宾。他依次介绍了来自世界各国的政要，然后他说，能接待这么多尊贵的客人，他深感荣幸，但他最高兴的是，当初在罗本岛监狱看守他的三名狱警也能到场。随即他邀请他们起身，并把他们介绍给大家。

曼德拉的博大胸襟和宽容精神，令那些残酷虐待了他 27 年的白人汗颜，也让所有到场的人肃然起敬。看着年迈的曼德拉缓缓站起，恭敬地向三个曾看管他的看守致敬，在场的所有来宾以至整个世界，都静下来了。

后来，曼德拉向朋友们解释说，自己年轻时性子很急，脾气暴躁，正是狱中生活使他学会了控制情绪，因此才活了下来。牢狱岁月给了他时间与激励，也使他学会了如何处理自己遭遇的痛苦。他说，感恩与宽容常常源自痛苦与磨难，必须通过极强的毅力来训练。

获释当天，他的心情平静：“当我迈过通往自由的监狱大门时，我已经清楚，自己若不能把悲痛与怨恨留在身后，那么我其实仍在狱中。”

没错，面对生活中的磨难，如果不能以豁达的心胸面对，那么我们只能一直生活在痛苦当中。在生活中，很多人都不能放下心中的痛苦，他们觉得是命运的不公，让他们感受到了诸多痛苦。所以，他们愤恨，他们抱怨，甚至于还会想到要报复。

可是，即便是我们把心中的痛苦都发泄出来，我们仍然没办法减轻自己心中的痛苦，因为我们不曾放下。所以，与其让别人加入我们的痛苦，不如我们自己释怀，看淡得失。

不经历风雨，怎能见彩虹

老鹰是世界上寿命最长的鸟类。它可以活到70岁。要活那么长的寿命，它在40岁时必须作出艰难却重要的抉择。

当老鹰活到40岁时，它的爪子开始老化，无法有效地抓住猎物。它的喙变得又长又弯，几乎碰到胸膛。它的翅膀变得十分沉重，因为它的羽毛长得又浓又厚，使得飞翔十分吃力。

它只有两种选择：等死，或经过一个十分痛苦的更新过程。

老鹰要经过150天漫长的历练，很努力地飞到山顶，在悬崖上筑巢，停留在那里，不得飞翔。

老鹰首先用它的喙击打岩石，直到完全脱落，然后静静地等候新的喙长出来。

它会用新长出的喙把指甲一根一根地拔出来。当新的指甲长出来后，它们便把羽毛一根一根地拔掉。5个月以后，新的羽毛长出来了。这个时候，老鹰才能开始飞翔，重新得到30年的岁月！

在我们的生命中，有时候我们也必须作出艰难的决定，然后才能获得重生。我们必须把旧的习惯、旧的传统抛弃，使我们可以重新飞翔。只要我们愿意放下旧的包袱，愿意学习新的技能，我们就能发挥我们的潜能，创造新的未来。

乔·路易斯，世界十大拳王之一，可以说是历史上非常成功的重量级拳击运动员，在长达12年的时间里，他曾经让25名拳手败在自己的拳下。

自从上学以后，乔伊·巴罗斯就成了同学嘲弄的对象。也难怪，放学后，别的18岁的男孩子进行篮球、棒球这些“男子汉”的运动，可乔伊却要去学小提琴！这都是因为巴罗斯太太望子成龙心切。20世纪初，黑人还很受歧视，母亲希望儿子能通过某种特长改变命运，所以从小就送乔伊去学琴。那时候，对于一个普通家庭来说，每周50美分的学费是个不小的开销，但老师说乔伊有天赋，乔伊的妈妈觉得为了孩子的将来，省吃俭用也值得。

但同学不明白这些，他们给乔伊取外号叫“娘娘腔”。一天乔伊实在忍无可忍，用小提琴狠狠砸向取笑他的家伙。一片混乱中，只听“咔嚓”一声，小提琴裂成两半儿——这可是妈妈节衣缩食给他买的。泪水在乔伊的眼眶里打转，周围的人一哄而散，边跑边叫:“娘娘腔，拨琴弦的小姑娘……”只有一个同学既没跑，也没笑，他叫瑟斯顿·麦金尼。

别看瑟斯顿长得比同龄人高大魁梧，一脸凶相，其实他是个热心肠的人。虽然还在上学，瑟斯顿已经是底特律“金手套大赛”的卫冕冠军了。“你要想办法长出些肌肉来，这样他们才不敢欺负你。”他对沮丧的乔伊说。瑟斯顿不知道，他的这句话不但改变了乔伊的一生，甚至影响了美国一代人的观念。虽然日后瑟斯顿在拳坛没取得什么惊人的成就，但因为这句话，他的名字被载入拳击史册。

当时，瑟斯顿的想法很简单，就是带乔伊去体育馆练拳击。

乔伊抱着支离破碎的小提琴跟瑟斯顿来到了体育馆。“我可以先把旧鞋和拳击手套借给你，”瑟斯顿说，“不过，你得先租个衣箱。”租衣箱一周要50美分，乔伊口袋里只有妈妈给他这周学琴的50美分，不过琴已经坏了，也不可能马上修好，更别说去上课了。乔伊狠狠心租下衣箱，把小提琴放了进去。

开头几天，瑟斯顿只教了乔伊几个简单的动作，让他反复练习。一个礼拜快结束时，瑟斯顿让乔伊到拳击台上来，试着跟他对打。没想到，才第三个回合，乔伊一个简单的直拳就把“金手套”瑟斯顿击倒了。爬起来后，瑟斯顿的第一句话就是：“小子，把你的琴扔了！”

乔伊没有扔掉小提琴，但他发现自己更喜欢拳击，每周50美分的小提琴课学费成了拳击课的学费，巴罗斯太太懊恼了一阵后，也只好听之任之。不久乔伊开始参加比赛，渐渐崭露头角。为了不让妈妈为他担心，乔伊悄悄把名字从“乔伊·巴罗斯”改成了“乔·路易斯”。

5年以后，23岁的乔已经成为重量级世界拳王。1938年，他击败了德国拳手施姆林，当时德国在纳粹统治之下，因此乔的胜利意义更加重大，他成了反法西斯者心中的英雄。但巴罗斯太太一直不知道人们说的那个黑人英雄就是自己“不成器”的儿子。

漫漫人生，人在旅途，难免会遇到荆棘和坎坷，但风雨过后，一定会有美丽的彩虹。任何时候都要抱乐观的心态，任何时候都不要丧失信心和希望。失败不是生活的全部，挫折只是人生的插曲。虽然机遇总是飘忽不定，但朋友，只要你坚持，只要你乐观，你就能永远拥有希望，走向幸福。

黑暗，只是光明的前兆

不要诅咒目前的黑暗，你所要做的就是作好准备，去迎接光明，因为黑暗只是光明的前兆。

莎士比亚在他的名著《哈姆雷特》中有这样一句经典台词："光明和黑暗只在一线间。"一个人身处黑暗之中，你的心灵千万不要因黑暗而熄灭，而是要充满希望，因为黑暗只是光明来临的前兆而已。

清代有一个年轻书生，自幼勤奋好学，无奈贫困的小村里没有一个好老师。书生的父母决定变卖家产，让孩子外出求学。

一天，天色已晚，书生饥肠辘辘准备翻过山头找户人家借住一宿。走着走着，树林里忽然蹿出一个拦路抢劫的土匪。书生立即拼命往前逃跑，无奈体力不支再加上土匪的穷追不舍，眼看着书生就要被追上了，正在走投无路时，书生一急钻进了一个山洞里。山匪见状，不肯罢休，他也追进山洞里。洞里一片漆黑，在洞的深处，书生终究未能逃过土匪的追逐，他被土匪逮住了。一顿毒打自然不能免掉，身上的所有钱财及衣物，甚至包括一把准备为夜间照明用的火把，都被土匪一掳而去了。土匪给他留下的只有一条薄命。

然后，书生和土匪两个人各自分头寻找着洞的出口，这山洞极深极黑，且洞中有洞，纵横交错。

土匪将抢来的火把点燃，他能轻而易举地看清脚下的石块，能看清周围的石壁，因而他不会碰壁，不会被石块绊倒，但是，他走来走去，就是走不出这个洞，最终，恶人有恶报，他迷失在山洞之中，力竭而死。

书生失去了火把，没有了照明，他在黑暗中摸索行走得十分艰辛，他不时碰壁，不时被石块绊倒，跌得鼻青脸肿，但是，正因为他置身于一片黑暗之中，所以他的眼睛能够敏锐地感受到透进洞里来的一点点微光，他迎着这缕微光摸索爬行，最终逃离了山洞。

如果没有黑暗，怎么可能发现光明呢？黑暗并不可怕，它只是光明到来之前的预兆。在黑暗中摸索前行，充满光明的渴望，才是最良好的心态。如果你害怕黑暗，因黑暗而绝望，你将被无边的黑暗所淹没。相反，若你一直在心中点一盏长明灯，光明很快就会降临。

在低潮时品味人生，为下次的高潮暖身

所有的人都会有失败的时候，重要的是当你犯了错误的时候，是否会及时承认错误并且想办法去弥补它。

不要被失败所困，花点时间找出失败的原因，并从中汲取教训。如果你不能摆脱失败的阴影，那么你将会裹足不前。

一件事情上的失败绝不意味着你的整个人生都是失败的，失败只是暂时的受挫，不要把它当成生死攸关的问题。永远保持积极的心态，你将离成功更近。

康熙年间，安徽青年王致和赴京应试落第后，决定留在京城，一边继续攻读，一边学做豆腐以谋生。可是，他毕竟是个年轻的读书人，没有做生意的经验。夏季的一天，他所做的豆腐剩下不少，只好用小缸把豆腐切块腌好。但日子一长，他竟忘了有这缸豆腐，等到秋凉时想起来了，但腌豆腐已经变成了“臭豆腐”。王致和十分恼火，正欲把这“臭气熏天”的豆腐扔掉时，转而一想，虽然臭了，但自己总还可以留着吃吧。于是，就忍着臭味吃了起来，然而，奇怪的是，臭豆腐闻起来虽有股臭味，吃起来却非常香。

于是，王致和便拿着自己的臭豆腐去给自己的朋友吃。好说歹说，别人才同意尝一口，没想到，所有人在捂着鼻子尝了以后，都赞不绝口，一致认为此豆腐美味可口。王致和借助这一错误，改行专门做臭豆腐，生意越做越大，而影响也越来越广，最

后，连慈禧太后也慕名前来尝一尝美味的臭豆腐，对其大为赞赏。

从此，王致和臭豆腐身价倍增，还被列入御膳菜谱。直到今天，许多外国友人到了北京，都还点名要品尝这所谓“中国一绝”的王致和臭豆腐。

因为腌豆腐变臭这次失败，改变了王致和的一生。

所以在人生路上，遇到失败时我们要学会转个弯，把它作为一个积极的转折点，选择新的目标或探求新的方法，把失败作为成功的新起点。

成功者与失败者最大的不同，就在于前者珍惜失败的经验，他们善于从失败中吸取教训，寻找新的方法，反败为胜，获得更大的胜利；而后者一旦遭遇失败的打击就坠入痛苦的深渊中不能自拔，每天闷闷不乐，自怨自艾，直至自我毁灭。

学会从失败中获取经验，你就会获得最后的成功。

第9章

愿你扛得住世界的险恶，也懂得世界的温柔

有梦不觉天涯远

无论现状有多么困难，都要给自己树一面旗帜，至少你有了一个前进的方向。

人生到底是喜剧收场还是悲剧落幕，是轰轰烈烈的还是无声无息的，就全在于个人持有什么样的信念。信念就像指南针和地图，指出我们要去的目标。没有信念的人，就像少了马达、缺了舵的汽艇，不能动弹一步。所以在人生中，必须得有信念的引导，它会帮助你看到目标，鼓舞你去追求，创造你想要的人生。

很多时候，人生的理想和目标就如同一面在风中高高飘扬的旗帜，它指引着我们前进的方向。

罗杰·罗尔斯是美国纽约州历史上第一位黑人州长，他出生在纽约声名狼藉的大沙头贫民窟。这里环境肮脏，充满暴力，是偷渡者和流浪汉的聚集地。在这儿出生的孩子，耳濡目染，他们之中很多人从小就逃学、打架、偷窃，甚至吸毒，长大后很少有人从事体面的职业。然而，罗杰·罗尔斯是个例外，他不仅考入了大学，而且成了州长。在就职记者招待会上，一位记者对他提问："是什么把你推向州长宝座的？"面对300多名记者，罗尔斯对自己的奋斗史只字未提，只谈到了他上小学时的校长——皮尔·保罗。

1961年，皮尔·保罗被聘为诺必塔小学的董事兼校长。当时正值美国嬉皮士文化流行的时代，他走进大沙头诺必塔小学的时候，发现这儿的穷孩子比"迷惘的一代"还要无所事事。他们不与老师合作，旷课、斗殴甚至砸烂教室的黑板。皮尔·保罗想了很多办法来引导他们，可是没有一个是有效的。后来他发现这些孩子都很迷信，于是在他上课的时候就多了一项内容——给学生看手相。他用这个办法来鼓励学生。

当罗尔斯从窗台上跳下，伸着小手走向讲台时，皮尔·保罗说："我一看你修长的小拇指就知道，你将来是纽约州的州长。"当时，罗尔斯大吃一惊，因为长这么大，只有他奶奶让他振奋过一次，说他可以成为5吨重的小船的船长。这一次，皮尔·保罗先生竟说他可以成为纽约州的州长，着实出乎他的预料。他记下了这句话，并且相信了它。

从那天起，"纽约州州长"就像一面旗帜指引着罗尔斯，他的衣服不再沾满泥土，说话时也不再夹杂污言秽语。他开始挺直腰杆走路，在以后的40多年间，他没有一天不按州长的身份要求自己。51岁那年，他终于成了州长。

信念的力量就这样神奇，如果我们也能像罗尔斯那样，为自己树一面旗帜，成功就不会离自己太远。

她从北京 101 中学来到云南边疆一个叫“蚂蟥堡”的地方。

她们住的房子是队里盖的马棚，只有顶，没有墙。人们用竹篱笆将马棚围了起来，放了几张床，两两相依。初到时，看书写字，就搬个小板凳放在床前。

有一天，一位室友收到了家中的来信。她看完后告诉她们，美国人登上月球了。据说全世界都进行了实况转播，但她们没有收音机(在那个年代，收音机算是奢侈品)，几个月后才知道这个消息。她们该做什么呢？能做什么呢？空担着一个“知识青年”的虚名，多数人只懂得一元一次方程式，种种希望和理想，似乎

像射进篱笆墙的阳光碎成了星星点点，聚不起来了。

她在苦闷中度过了几个月后，不再困惑，她找到了她的信念，她把自己充实起来。她很少浪费时间，除了劳动就是钻研，时间安排得很紧。当然，不是为了上月球，也不是为了想进大学，而只是希望让科学在生活中起些作用。她不过是个苗圃工，却读完了农大的好几门课。她苦读医书，在自己身上练会了针灸，治好过好几个病人。她动手建小气象站，自己动手做百叶箱，立风向杆，养蚂蟥，半夜起来记录温度……为了学习专业知识，她同时也学习基础知识，从一元一次方程到微积分，从A、

B、C 学习到阅读英文书籍，从“老初一”提高到了大学水平。

1973 年，一批科技期刊恢复出版，她到邮局订了所有能订的期刊，用掉了一个月的收入。她的衣服却是补了又补，鞋子也缝了又缝。她这种对科学的执着和钻研的顽强意志，在过去和现在都是她有力的人生支持之一。专注于科学，专注于诚实的、有益的工作，使她有了更多的勇气战胜懈怠、软弱和虚荣心。后来她成了上海交大的研究生。

在人生旅途中，通往理想的道路上总会遇到大大小小的困难和挫折，埋怨、消沉、哀叹命运，这些都无济于事。

面对挫折，要有宽阔的胸襟，要有无畏的勇气。要记住，挫折是通向理想的阶梯。只要你有走出的愿望，没有永远走不出的人生低谷。如果你还在为不幸的遭遇自怨自艾的话，那你的人生将不会有任何前途。信念的力量是无穷的，很多人不能获得成功，往往是因为他们没有信念，或者，他们的信念并不扎实。俄国作家柯罗连科曾说过:“信念是储备品，行路人在破晓时带着它登程，但愿他在日暮以前足够使用。”但信念并不是到处去寻找顾客的产品营销员，它永远也不会主动地去敲你的大门。因此，一个想成功的人必须主动地为自己树一面信念的旗帜，让它在远方随风飘扬，引导你一步步走向成功。

用你的笑容改变世界，不要让世界改变你的笑容

如果一个人在46岁的时候，在一次意外事故中被烧得不成人形，4年后的一次坠机事故则使得其腰中部以下全部瘫痪，他会怎么办？接下来，你能想象他变成百万富翁、受人爱戴的公共演说家、春风得意的新郎官及成功的企业家吗？你能想象他会去泛舟、玩跳伞、在政坛争得一席之地吗？

这一切，米歇尔全做到了，甚至有过之而无不及。在经历了两次可怕的意外事故后，米歇尔的脸因植皮而变成一块彩色板，手指没有了，双腿细小，无法行动，他只能瘫痪在轮椅上。第一次意外事故把他身上六成五以上的皮肤都烧坏了，为此他动了16次手术。

手术后，他无法拿起叉子，无法拨电话，也无法一个人上厕所，但曾是海军陆战队队员的米歇尔从不认为自己被打败了。他说："我完全可以掌控自己的人生之船，那是我的浮沉，我可以选择把目前的状况看成倒退或是一个新起点。"6个月之后，他又能开飞机了！

米歇尔为自己在科罗拉多州买了一幢维多利亚式的房子，另外也买了房地产、一架飞机及一家酒吧，后来他和两个朋友合资开了一家公司，专门生产以木材为燃料的炉子，这家公司后来变成佛蒙特州第二大私人公司。第一次意外发生后4年，米歇尔所开的飞机在起飞时又摔回跑道，把他胸部的12块脊椎骨压得粉

碎，他永远瘫痪了。

米歇尔仍不屈不挠，努力使自己达到最大限度的自主。后来，他被选为科罗拉多州孤峰顶镇的镇长，保护小镇的环境，使之不因矿产的开采而遭受破坏。米歇尔后来还竞选国会议员，他用一句“不只是另一张小白脸”作为口号，将自己难看的脸转化成一项有利的资产。后来，行动不便的米歇尔开始泛舟。他坠入爱河且完成终身大事，他还拿到了公共行政硕士，并持续他的飞行活动、环保运动及公共演说。米歇尔坦然面对自己失意的态度使他赢得了人们的尊敬。

米歇尔说：“我瘫痪之前可以做 1 万件事，现在我只能做 9000 件，我可以把注意力放在我无法再做的 1000 件事上，或是把目光放在我还能做的 9000 件事上。告诉大家，我的人生曾遭受过两次重大的挫折，而我不能把挫折当成放弃努力的借口。或许你们可以用一个新的角度，看待一些一直让你们裹足不前的经历。你们可以退一步，想开一点，然后，你们就有机会说：‘或许那也没什么大不了的！’”

月有阴晴圆缺，人生也是如此。情场失意、朋友失和、亲人反目、工作不得志……类似的事情总会不经意纠缠你，令你的情绪跌至低谷。其实，生活中的低谷就像是行走在马路上遇到红灯一样，你不妨以一种平和的心态坦然面对，不妨利用这段时间休息、放松一下，为绿灯时更好地行走打下基础。

再苦也要笑一笑，总有人比你更糟

再苦也要笑一笑，是一种乐观的心态。它是面对失败时的坦然，是身处险境中的从容。它可以使你学会欣赏日出时的活力四射，光彩照人；也可以令你驻足感受落日时的安闲柔和，娴静雅致。它可以让你喜欢春的烂漫、夏的炽烈，也可以让你体会到秋的丰盈、冬的清冽。人生中，不尽如人意者十之八九。你可能吃饭的时候不小心被噎住了，可能出门的时候踩了一脚烂泥，也可能生了病住进了医院。每一天，在我们身边都有可能发生这样的事情，而且很多时候来得还很突然，让我们没有一点准备。面对这样突如其来的事情，即使你的心里再苦，也请笑一笑。

再苦也要笑一笑，得多得少别去计较，总得有人过得比你好。再苦也要笑一笑，即使石头砸到自己的脚，痛不痛反正只有脚知道，有人想砸还砸不到。再苦也要笑一笑，上天自有公道，无论走到哪里，总会有人比你更糟，这个世界刚刚好。柯林斯是一家饭店的经理，他的心情总是很好。每当有人客套地问他近况如何时，他总是毫不考虑地回答："我快乐无比。"每当看到别的同事心情不好，柯林斯就会主动打探内情，并且为对方出谋献策，引导他去看事物好的一面。他说："每天早上，我一醒来就对自己说，柯林斯，你今天有两种选择，你可以选择心情愉快，也可以选择心情不好，我选择心情愉快。每次有坏事发生，我可以选择成为一个受害者，也可以先去面对各种处境。归根结底，你

自己选择如何面对人生。”

然而，即便是这样一个乐观积极的人，也会遇到不测。

有一天，柯林斯被三个持枪的歹徒拦住了。歹徒无情地朝他开了枪。幸好发现得早，柯林斯被送进急诊室。经过 18 个小时的抢救和几个星期的精心治疗，柯林斯出院了，只是仍有小部分弹片留在他体内。

半年之后，柯林斯的一位朋友见到他。朋友关切地问他近况如何，他说：“我快乐无比。想不想看看我的伤疤？”朋友好奇地看了伤疤，然后问他受伤时想了些什么。

柯林斯答道：“当我躺在地上时，我对自己说我有两个选择：一是死，一是活，我选择活。医护人员都很善解人意，他们告诉我，我不会死的。但在他们把我推进急诊室后，我从他们的眼神中读到了‘他是个死人’。那一刻，我感受到了死亡的恐惧。我还不想死，于是我知道我需要采取一些行动。”

“你采取了什么行动？”朋友问。

柯林斯说：“有个护士大声问我有没有对什么东西过敏。我马上答：‘有的。’这时所有的医生、护士都停下来等我说下去。我深深吸了一口气，然后大声吼道：‘子弹！’在一片大笑声中，我又说道：‘请把我当活人来医，而不是死人。’”柯林斯就这样活下来了。

苦难并不可怕，只要心中的信念没有萎缩，人生旅途就不会中断。柯林斯非常珍惜自己的生命，面对死亡、面对被子弹击中的痛苦，尚能够如此乐观和坦然，这是它能够获得重生最重要的条件。所以你要微笑着面对生活，不要抱怨生活给了你太多的磨难，不要抱怨生活中有太多的曲折，更不要抱怨生活中存在的不公。当你走过世间的繁华，阅尽世事，你就会明白：人生不会太圆满，再苦也要笑一笑。

吃了苦头，才能更懂甜的滋味

人生在世，难免会遭遇耻辱。面对耻辱，如果灰心丧气，不敢锐意进取，那么就难免为境遇所左右。只有超乎境遇之外，将耻辱当作一种寻常际遇，心灵才能自由。

巴尔扎克曾经说过："世界上的事情永远不是绝对的，结果完全因人而异。苦难对于天才是垫脚石，对于强者是一笔财富，对于弱者是万丈深渊。"成功并不是随随便便就能取得的，那些成功的人所经历的苦难是一般的人所不能感受到的。很多时候，我们只看到别人成功时候的光彩与绚丽。成功背后的辛酸，只有亲身经历了才能体会到。如同月有阴晴圆缺一样，人的一生不可能永远都在鲜花与掌声中度过，耻辱和挫折与人生相依相伴。当受到耻辱时，有人自怨自艾，意志消沉，一蹶不振；有人却不屈不挠，努力拼搏，摆脱耻辱，从中感悟人生的真谛，体味世间的人情冷暖。痛苦是幸福的前奏，欢乐在痛苦中孕育，晶莹璀璨的珍珠来自于河蚌与沙子的苦苦相搏。

正当司马迁在专心致志写作《史记》的时候，一场飞来横祸突然降临到他的头上。原来，司马迁因为替一位将军辩护，惹怒了汉武帝，锒铛入狱，还遭受了酷刑。

受尽耻辱的司马迁悲愤交加，几次想血溅墙头，了此残生，但又想起了父亲临终前的嘱托，更何况，《史记》还没有完成，便打消了这个念头。他想："人总是要死的，有的重于泰山，有的轻于鸿毛，我如果就这样死了，不是比鸿毛还轻吗？我一定要活下去！我一定要写完这部书！”想到这里，他把个人的耻辱和痛苦全都埋在心底，发奋著书。

为了心中的《史记》，他不论严寒酷暑，总是起早贪黑。夏季，每当曙光透过窗户照进囚室，司马迁就早早地就着朝阳的光芒，写下一行行文字。无论蚊虫如何肆无忌惮地叮咬他，如何用刺耳的“嗡嗡”声刺着他的耳膜，他总能毫不分心，在如此恶劣的环境下坚持写书。冬季，无论凛冽的寒风如何像刀子般刮在他的脸上，无论呼呼的北风如何灌进他的袖口，他总能丝毫不受外界干扰，坚持著书。

就这样，司马迁发愤写作，用了整整13年的时间，终于完成了一部52万字的辉煌巨著——《史记》。这部前无古人的著作，几乎耗尽了他毕生的心血，是他用生命写成的。司马迁没有因为受到宫刑这样深痛的耻辱而消沉，而是不断激励自己，最终写成了伟大的著作《史记》。

俗话说“知耻而后勇”，真正促使我们获得成功的，真正激励我们昂首阔步的，不是顺境，而是那些常常可以置我们于死地的耻辱、挫折，甚至是死神。在一次次受到耻辱之后，人的斗志就会被激发，从而奋发图强，最终获得成功。贫穷的出身不算什么，只要我们永不放弃、勤奋苦练，就一定能够成功。

既然耻辱在所难免，那么当我们面对耻辱时，不妨一笑置之，将它看作是人生的寻常际遇，就如同每天要吃饭、睡觉一般平常。耻辱算不了什么，人生会遇到无数的挫折，只有以一颗平常心看待耻辱，不因耻辱而消沉，才能拥有自在的人生。

世道虽窄，但世界宽阔

人生在世，不如意事十之八九。多数人不能抵抗不如意的侵袭，常常怨天尤人，苦恼不已。天不遂人愿，但是只要我们能够保持平和的心境，别让不如意的情绪破坏它，那么我们就能获得心境的自由。在不如意的生活面前，生气也好，愤怒也罢，都是没有用的。不如意还是不如意，你如果无法保持平和的心境，它也不会因你的生气或愤怒而有丝毫的改变。

有一个妇人，总是被不如意的情绪所左右，常常为一些琐碎的小事生气。为了摆脱这种苦恼，她便去求一位高僧为自己谈禅说道，开阔心胸。

高僧知道她的来意后，把她请进一座禅房中，落锁而去。妇人气得跳脚大骂。骂了许久，高僧也不理会。妇人又开始哀求，高僧仍置若罔闻。妇人终于沉默了。

高僧来到门外，问她："你还生气吗？"

"我只为我自己生气，我怎么会到这地方来受这份罪。"妇人有些幽怨地说。

"连自己都不原谅的人怎么能心如止水？"高僧拂袖而去。

过了一会儿，高僧又问她："还生气吗？"

"不生气了。"妇人余怒未消，但无可奈何。

“为什么？”

“气也没有办法呀。”

“你的气并未消逝，还压在心里，爆发后将会更加剧烈。”高僧又离开了。

高僧第三次来到门前，妇人告诉他：“我不生气了，因为不值得气。”

“还知道值不值得，可见心中还有衡量，还是有气根。”高僧笑道。

当高僧的身影迎着夕阳立在门外时，妇人问高僧：“大师，什么是气？”高僧将手中的茶水倾洒于地。妇人视之良久，顿悟，遂叩谢而去。

故事中的妇人被锁在禅房的事实并没有改变，或者说不如意的事实依然存在，但她却渐渐变得不再生气了。为什么？因为她明白了已发生的事不能改变，心境渐趋平和安静。

一个不能保持平和心境的人，在不如意发生时，总是会让情绪左右自己，或气或怒，很可能做出令自己后悔的事情。生气就像泼出去的水，无法回收，如果你因此而酿成大错，则悔之晚矣。生活中有太多不如意的事，你可以理解它为倒霉，也可以定义它为幸运。

你怎样定义它，它就给你带来怎样的结果。因此，与其让不如意来破坏你的情绪，不如保持平和的心境，换一个角度看问题。

当风雨过去，你还是你

日复一日，年复一年，人生犹如一条看不到尽头的路。在这条不平坦的道路上，我们经历过风霜雪雨，同样也看见过旭日彩虹。

骄阳似火，娇嫩的花被烤得无精打采，而次日清晨，它总是会绽放得更美丽；风雨交加，树苗被吹得东倒西歪，当彩虹悬挂之时，它总是成长得更茁壮；秋风萧瑟，所有枝桠都突兀颓然，来年春天，花朵又变得繁盛。

海明威笔下的老人孤独地面对大海，一个未知的世界。在一无所获的 84 天之后钓到了一条无比巨大的鱼。他拖着小船漂流了整整两天两夜，老人在这两天两夜中经历了从未经受的艰难考验，然而这时却遇上了鲨鱼，老人与鲨鱼进行了殊死搏斗，结果大鱼被鲨鱼吃光了，老人最后拖回家的只剩下一副光秃秃的鱼骨架和一身的伤。但他还是勇敢而快乐地活着。

他不是盲目乐观，他知道无论是精神上还是肉体上他困难重重，寒冷、饥饿、死亡都无形地笼罩着他，而他却有如此坚定的信念，在死亡面前表现得如此平静而乐观。无论怎么样，他的每一次划桨、每一次艰难、每一次用力刺向鲨鱼，他心里没有惧怕任何对手和困难，因为他知道，风雨之后，他还是他，彩虹总是会出现。

曾有一位妇女，在一次车祸中，她永远失去了自己的丈夫，她悲痛欲绝，觉得生活中再也没有了阳光。自那以后，她便陷入了孤独与痛苦之中。她不知道自己该怎样做，不知道自己还能不能拥有幸福，甚至不知道自己将在哪里住，以一种什么样的姿态和别人相处，她已经习惯了丈夫的呵护。一个月后，她只好向她的好友求助。

朋友极力向她解释，她的焦虑是因为自己身处不幸的遭遇之中，才50多岁便失去了自己的生活伴侣，自然令人悲痛异常。但时间一久，这些伤痛和忧虑便会慢慢减缓消失，她也会开始新的生活——从痛苦的灰烬之中建立起自己新的幸福。

“不！”一开始她绝望地说道，“我不相信自己还会有什么幸福的日子。我已不再年轻，孩子也都长大成人，成家立业。我还有什么地方可去呢？”可怜的女人得了严重的自怜症，而且不知道该如何治疗这种疾病。好几年过去了，她的心情一直都没有好转。

直到后来又有一次，这位朋友忍不住对她说：“我想，你并不是要特别引起别人的同情或怜悯。无论如何，你可以重新建

立自己的新生活，结交新的朋友，培养新的乐趣，千万不要沉溺在旧的回忆里，无论你怎么做，你的丈夫都不会再回来，你现在的生活不止为你自己，更加为你的丈夫，他在天堂看着你。”听完这些话，她泪如雨下，她想起丈夫在生命最后一刻握着她的手说：亲爱的，虽然只有你一个人了，但你要好好地。”

没过多久，她便搬去与一个结了婚的女儿同住。

一开始她还是觉得很孤独，房间里面放满了丈夫的照片和生前的物品，甚至每天都梦见丈夫，梦里丈夫总是握着她的手告诉她要坚强，每次醒来的时候她都总是在伤感之后又想起丈夫的话。日子一天天地过去，她的心情渐渐好起来，有时候她好像感觉丈夫并没有去世，只是去了很远的地方。她每天帮女儿照顾孩子、打扫家务，周末总是和女儿女婿上公园、电影院。

一年很快过去，当她再次和那位朋友见面时，那位朋友对她会心地一笑，说：亲爱的，我知道你能挺过去，真的没什么。你还是你，像当初一样：美丽，乐观。

忘记本要与自己长相厮守的丈夫对于她来说确实太困难，但是每个人毕竟都有各自的旅程，在人生的旅途之中，当遇到阴霾的时候，只有转移视线，才不会错过一些更为美好的人生山水。只有这样，一切过后，才会海阔天空。

如果连你自己都不再认识你自己，都不在乎你自己，那么便没有人会认识你、在乎你。磕磕碰碰之中，有些东西，我们必须学会放弃才能拥有一份成熟，才会活得更加充实、坦然和轻松。

有人说："上帝为人们关上一道门的同时，也同样为他们开启了另一扇窗。"转一道门，成功还是属于你。聪明的你应该坚信人的一生是应该什么都经历一次的，哪怕是风雨，都是上帝送给他们锻炼自己的一份礼物。

每个人都经历过风雨，但是每个人经历过风雨后的人生态度却是截然不同的。成功的人说："我经历了风雨，但我仍然笑看人生，因为我知道我经历过了！"而失败的人却是每天都在唉声叹气中度过，认为风雨是上帝对他的不公，每天只是怨天尤人，不懂得勇敢地面对。成功的人经历了风雨以后就懂得了更加珍惜上帝所赐予他的一切；而失败的人就萎靡不振，每天荒废着自己的光阴。

所以，请你勇敢一点，风雨后就是柳暗花明，成功地走过风雨，前面等待的必将是一片艳阳天！不要畏惧风雨，因为既然风雨已经来了，那就不要回头看，昨天已成为了历史，今天就是上帝送给你的崭新的礼物。

太阳每天都是新的

人的一生中会遇到各种各样的困难和挫折，逃避和消沉是解决不了问题的，唯有以乐观的阳光心态去迎接生活的挑战，才有机会成功。阳光的人每天都拥有一个全新的太阳，积极向上，并能从生活中不断汲取前进的动力。

“不论担子有多重，每个人都能支持到夜晚的来临，”19 世纪的浪漫主义代表、小说《金银岛》的作者罗勃·史蒂文生写道，“不论工作有多苦，每个人都能做他那一天的工作，每一个人都能很甜美、很有耐心、很可爱、很纯洁地活到太阳下山，而这就是生命的真谛。”不错，生命对我们所要求的也就是这些。可是住在密歇根州沙支那城的薛尔德太太，在学到“要生活到上床为止”这一点之前，却感到极度的颓丧，甚至想自杀。

1937 年薛尔德太太的丈夫死了，她觉得非常颓丧——而且几乎一文不名。她写信给她以前的老板李奥罗区，请他允许她回去做她以前的工作。她以前靠推销世界百科全书过活。

两年前她丈夫生病的时候，她把汽车卖了，如今于是她勉强凑足钱，分期付款才买了一部旧车，又开始出去卖书。

她原想，再回去做事或许可以帮她解脱她的颓丧。可是要一个人驾车，一个人吃饭，几乎令她无法忍受。有些区域简直就做不出什么成绩来，虽然分期付款买车的数目不大，却很难付清。

1938 年的春天，她在密苏里州的维沙里市，见那儿的学校都很穷，路很烂，很难找到客户。她一个人又孤独又沮丧，有一次甚至想要自杀。她觉得成功是不可能的，活着也没有什么希望。

每天早上她都很怕起床面对生活。她什么都怕，怕付不出分期付款的车钱，怕付不出房租，怕没有足够的东西吃，怕她的健康情况变坏而没有钱看医生。让她没有自杀的唯一理由是，

她担心她的姐姐会因此而觉得很难过，而且她姐姐也没有足够的钱来支付自己的丧葬费用。

然而有一天，她读到一篇文章，使她从消沉中振作了起来，使她有勇气继续活下去。她永远感激那篇文章里那一句令人振奋的话：“对一个聪明人来说，太阳每天都是新的。”

她用打字机把这句话打下来，贴在她的车子里，这样，在她开车的时候，每一分钟都能看见这句话。她发现每次只活一天并不困难，她学会了忘记过去，不想未来，每天早上都对自己说：“今天又是一个新的开始。”

她成功地克服了对孤寂和对需要的恐惧。她现在很快活，也还算成功，并对生命充满了热忱和爱。她也知道，不论在生活上碰到什么事情，都不要害怕；她也知道，不必怕未来，过好每一天——因为“对一个聪明人来说，太阳每天都是新的”。

在日常生活中可能会碰到令人兴奋的事情，也同样会碰到令人消极的、悲观的坏事，这很正常，但如果我们的思维总是围着那些不如意的事情转的话，我们就不会快乐。因此，我们应尽量做到脑海想的、眼睛看的，以及口中说的都应该是光明的、乐观的、积极的，相信每天的太阳都是新的，每一天都是一个新的开始。